国家级实验教学示范中心联席会
计算机学科组规划教材

Python
数据分析与机器学习基础 题库·微课视频版

蔡子龙 主编

清华大学出版社
北京

内容简介

本书内容系统、全面，全书共 11 章，归结为 3 部分进行介绍。第 1 部分主要介绍 Python 程序设计基础，包括 Python 的内建数据结构（列表、元组、字典和集合）、Python 语句、Python 函数、Python 面向对象程序设计和 Python 数据可视化等。第 2 部分主要介绍 Python 数据分析基础，包括 NumPy 工具、Python 矩阵运算、Pandas 库和 Python 办公自动化等。第 3 部分主要介绍 Python 机器学习算法，包括回归分析、逻辑回归、决策树与随机森林、朴素贝叶斯分类、支持向量机、主成分分析法和 K 均值聚类等。

本书注重面向对象程序设计基本思想的培养，以数据分析和机器学习为落脚点，从实用性原则出发，将案例与知识点有机结合。书中所有示例均可在 Jupyter Notebook 编程环境下运行，方便读者进行实操练习。

本书可作为高等院校理工农医类相关专业的"Python 程序设计""Python 数据分析""Python 机器学习"等课程的教材，也可作为感兴趣读者的自学读物，并可作为工程技术人员的参考用书。

版权所有，侵权必究。举报：010-62782989，beiqinquan@tup.tsinghua.edu.cn。

图书在版编目（CIP）数据

Python 数据分析与机器学习基础：题库：微课视频版/蔡子龙主编. -- 北京：清华大学出版社，2025.2.
（国家级实验教学示范中心联席会计算机学科组规划教材）. -- ISBN 978-7-302-68382-7

Ⅰ. TP312.8；TP181

中国国家版本馆 CIP 数据核字第 20254US273 号

策划编辑：魏江江
责任编辑：葛鹏程　薛　阳
封面设计：刘　键
责任校对：刘惠林
责任印制：宋　林

出版发行：清华大学出版社
　　网　　址：https://www.tup.com.cn，https://www.wqxuetang.com
　　地　　址：北京清华大学学研大厦 A 座　　邮　　编：100084
　　社　总　机：010-83470000　　　　　　　　邮　　购：010-62786544
　　投稿与读者服务：010-62776969，c-service@tup.tsinghua.edu.cn
　　质量反馈：010-62772015，zhiliang@tup.tsinghua.edu.cn
　　课件下载：https://www.tup.com.cn，010-83470236
印 装 者：涿州汇美亿浓印刷有限公司
经　　销：全国新华书店
开　　本：185mm×260mm　　印　张：15.25　　字　数：370 千字
版　　次：2025 年 4 月第 1 版　　　　　　　印　次：2025 年 4 月第 1 次印刷
印　　数：1～1500
定　　价：49.80 元

产品编号：106437-01

前言

党的二十大报告指出：教育、科技、人才是全面建设社会主义现代化国家的基础性、战略性支撑。新工科、新文科的建设旨在通过强调跨学科、综合能力和实践能力的培养，以适应日益复杂与多元的社会和经济环境。

当前，随着人工智能、大数据和机器学习的兴起，理工、管理、经济、人文社科类专业本科生迫切需要学习一门计算机语言课程，这门语言要既能进行计算机程序设计，又能方便快速地进行大数据分析和机器学习处理。然而，各高校在相关课程的设置上普遍无法适应这一变化。为落实科教兴国战略、人才强国战略、创新驱动发展战略，开辟发展新领域、新赛道，加强新兴学科、交叉学科建设，不断塑造发展新动能、新优势，编者结合多年教学经验编写了本书。

由于有庞大第三方库的支持，Python 语言成为当前数据分析和机器学习的首选程序设计语言。本教材可使理工农医类各专业本科生和研究生学习到 Python 程序设计、数据处理、人工智能、机器学习等方面的知识，构建数据分析和机器学习的基本知识图谱，为学生在今后工作和学习中解决本学科数据处理和机器学习相关问题提供坚实的基础。

本书在编写过程中坚持以下原则。

（1）衔接性原则。对于与"计算机思维""C 语言程序设计"等课程交叉的共性问题进行简化处理，重点聚焦各专业课程学习中亟须的数组与矩阵运算、数据分析与处理、机器学习基础等内容。

（2）延伸性原则。注重面向对象程序设计基本思想的培养，使学生充分领悟面向对象程序设计概念、思想和方法。

（3）连贯性原则。以数据分析和机器学习为落脚点，从实用性原则出发，重点介绍数据分析和机器学习所涉及的 Python 基础知识。

（4）适用性原则。对于基础知识的着墨不多，将重点放在案例与知识点相结合上，在案例中学习知识点，在学习知识点中思考案例，使读者快速进入机器学习的世界。

为便于教学,本书提供丰富的配套资源,包括教学大纲、教学课件、程序源码、习题答案、在线作业和微课视频。

资源下载提示

数据文件：扫描目录上方的二维码下载。
在线作业：扫描封底的作业系统二维码,登录网站在线做题及查看答案。
微课视频：扫描封底的文泉云盘防盗码,再扫描书中相应章节的视频讲解二维码,可以在线学习。

本书在编写过程中,得到了昆明理工大学电力工程学院和人文素质教育中心的支持与帮助。本书第1、2章由单节杉编写,第7、8章由沈赋编写,第9章由王健编写,第11章由毕贵红编写,其余章节由蔡子龙编写,全书由毕贵红审稿。另外,研究生李嘉棋、林红娅、杨宇林在程序编写、文字校对、图形制作、PPT制作、习题答案整理等工作上提供了极大的帮助。对于各位同事和同学的辛勤付出,在此一并表示衷心的感谢。

由于编者水平有限,书中难免会有错误和不妥之处,恳请读者批评指正。

编　者
2025年1月

目 录

资源下载

第 1 部分　Python 程序设计基础

第 1 章　Python 程序设计概述 ······ 3
- 1.1　Python 语言的特点 ······ 4
  - 1.1.1　Python 的优势 ······ 4
  - 1.1.2　为什么要学习 Python? ······ 4
  - 1.1.3　学习 Python 可以获得哪些益处? ······ 4
- 1.2　Python 及其集成开发环境的下载与安装 ······ 5
  - 1.2.1　Python 的下载和安装 ······ 5
  - 1.2.2　Python 的集成开发环境 ······ 5
- 1.3　Jupyter 的使用 ······ 5
  - 1.3.1　Python 常用快捷键的使用 ······ 5
  - 1.3.2　运行第一个 Python 程序 ······ 6
- 1.4　使用 Python 进行简单编程 ······ 7
- 习题 1 ······ 10

第 2 章　内建数据结构 ······ 11
- 2.1　列表 ······ 12
  - 2.1.1　列表的创建和索引 ······ 12
  - 2.1.2　列表元素的增、删、改操作 ······ 12
  - 2.1.3　列表的其他操作 ······ 14
  - 2.1.4　列表元素的切片 ······ 15
  - 2.1.5　列表中几个常用的内置函数 ······ 16
  - 2.1.6　列表推导式 ······ 17
- 2.2　元组 ······ 18
  - 2.2.1　元组的创建 ······ 18
  - 2.2.2　元组的修改与删除 ······ 19

　　　　2.2.3　元组的其他操作 …………………………………………………… 20
　　　　2.2.4　元组的内置函数 …………………………………………………… 21
　2.3　字典 …………………………………………………………………………… 22
　　　　2.3.1　字典的创建 ………………………………………………………… 22
　　　　2.3.2　访问字典 …………………………………………………………… 22
　　　　2.3.3　修改字典 …………………………………………………………… 23
　　　　2.3.4　字典的操作 ………………………………………………………… 23
　　　　2.3.5　字典键的特性 ……………………………………………………… 24
　　　　2.3.6　字典几个常用的内置函数 ………………………………………… 25
　2.4　集合 …………………………………………………………………………… 25
　　　　2.4.1　集合的创建 ………………………………………………………… 25
　　　　2.4.2　集合的基本操作 …………………………………………………… 26
　2.5　对象的浅拷贝和深拷贝 ……………………………………………………… 28
　习题2 ………………………………………………………………………………… 29

第3章　Python 语句 …………………………………………………………… 30

　3.1　输出语句格式控制语句 ……………………………………………………… 31
　3.2　选择语句 ……………………………………………………………………… 33
　3.3　循环语句 ……………………………………………………………………… 35
　3.4　while 语句 …………………………………………………………………… 36
　3.5　break 语句 …………………………………………………………………… 36
　3.6　pass 语句 …………………………………………………………………… 37
　3.7　continue 语句 ………………………………………………………………… 37
　3.8　二元运算符和比较运算符 …………………………………………………… 38
　习题3 ………………………………………………………………………………… 38

第4章　函数 ………………………………………………………………………… 39

　4.1　函数的创建和调用 …………………………………………………………… 40
　4.2　函数的参数传递 ……………………………………………………………… 41
　　　　4.2.1　位置参数 …………………………………………………………… 41
　　　　4.2.2　默认参数 …………………………………………………………… 41
　　　　4.2.3　关键字参数 ………………………………………………………… 42
　　　　4.2.4　变量的作用域 ……………………………………………………… 42
　4.3　匿名函数 ……………………………………………………………………… 44
　4.4　几个常用的函数 ……………………………………………………………… 44
　　　　4.4.1　map 函数 …………………………………………………………… 44
　　　　4.4.2　reduce 函数 ………………………………………………………… 45
　　　　4.4.3　filter 函数 …………………………………………………………… 45
　　　　4.4.4　isinstance 函数 …………………………………………………… 46
　4.5　关键字 yield …………………………………………………………………… 46

4.6	Python 函数的参数传递机制	47
4.7	Python 不定长参数	47
习题 4		48

第 5 章 面向对象程序设计 … 49

5.1	类与对象	50
	5.1.1 类的定义	50
	5.1.2 对象的创建	50
5.2	类的封装	51
5.3	类的继承	53
5.4	类的多态	55
5.5	object 类	56
5.6	导入和使用模块	60
	5.6.1 自定义模块的定义	60
	5.6.2 导入第三方模块	62
	5.6.3 以主程序的方式运行	62
习题 5		63

第 6 章 数据可视化 … 64

6.1	绘制线图	65
6.2	绘制散点图	68
6.3	多个图形绘制	69
6.4	三维曲面图形绘制	72
6.5	绘制柱状图	73
6.6	绘制直方图	74
6.7	绘制箱形图	76
6.8	绘制热力图	78
6.9	绘制雷达图	79
习题 6		81

第 2 部分　Python 数据分析基础

第 7 章 NumPy 基础 … 85

7.1	数组的创建	86
	7.1.1 通过列表创建数组	86
	7.1.2 通过 aragne 方法生成数组	86
	7.1.3 直接生成数组	86
	7.1.4 特殊数组	87
	7.1.5 生成符合某种分布的数组	88
7.2	数组属性	89
7.3	数组的算术运算	89

7.4　数组的索引与切片 …………………………………………………………… 90
7.5　数组的转置和转轴 …………………………………………………………… 93
7.6　数组的变形 …………………………………………………………………… 94
7.7　数组的拼接和分裂 …………………………………………………………… 95
7.8　数组的排序 …………………………………………………………………… 97
7.9　数组的比较、布尔数组 ……………………………………………………… 98
7.10　数组顺序的打乱 ……………………………………………………………… 98
7.11　Python 文本文件操作 ……………………………………………………… 99
习题 7 ……………………………………………………………………………… 102

第 8 章　矩阵运算 …………………………………………………………………… 103

8.1　矩阵的构造方法 ……………………………………………………………… 104
　　8.1.1　使用 NumPy 生成矩阵 ………………………………………………… 104
　　8.1.2　特殊矩阵的构造方法 …………………………………………………… 104
8.2　矩阵的基本运算 ……………………………………………………………… 106
习题 8 ……………………………………………………………………………… 108

第 9 章　数据分析 …………………………………………………………………… 109

9.1　Series 数据结构的创建 ……………………………………………………… 110
　　9.1.1　直接生成 Series ………………………………………………………… 110
　　9.1.2　通过列表生成 Series …………………………………………………… 111
　　9.1.3　通过字典生成 Series …………………………………………………… 111
　　9.1.4　Series 常用属性 ………………………………………………………… 111
　　9.1.5　Series 数据的访问 ……………………………………………………… 112
9.2　DataFrame 数据结构的创建 ………………………………………………… 113
9.3　DataFrame 的常用属性 ……………………………………………………… 115
9.4　重建索引和列名 ……………………………………………………………… 117
　　9.4.1　重建索引 ………………………………………………………………… 117
　　9.4.2　重建列名 ………………………………………………………………… 118
9.5　Pandas 值的查找及增、删、改操作 ………………………………………… 118
　　9.5.1　通过 loc 和 iloc 进行值的查找 ………………………………………… 118
　　9.5.2　Pandas 行列值的增加和删除操作 …………………………………… 119
　　9.5.3　Pandas 行列值的索引、选择和过滤 ………………………………… 122
　　9.5.4　Pandas 数据的切片 …………………………………………………… 123
　　9.5.5　Pandas 行列值的修改 ………………………………………………… 124
9.6　Pandas 的算术和数据调整 …………………………………………………… 125
9.7　Pandas 数据集的排序 ………………………………………………………… 126
9.8　Pandas 数据集的聚合操作 …………………………………………………… 127
9.9　缺失值的处理 ………………………………………………………………… 129
　　9.9.1　查找缺失值 ……………………………………………………………… 129
　　9.9.2　统计缺失值 ……………………………………………………………… 129

9.9.3　处理缺失值 …………………………………… 130
9.10　函数应用与映射 …………………………………… 135
9.11　数据集的合并操作 …………………………………… 136
9.12　日期和时间的处理 …………………………………… 139
习题 9 …………………………………… 140

第 10 章　办公自动化 …………………………………… 141

10.1　使用 Pandas 处理 Excel 表 …………………………………… 142
　　10.1.1　Excel 数据表的导入 …………………………………… 142
　　10.1.2　显示 Excel 表的内容 …………………………………… 142
　　10.1.3　Excel 表数据的修改 …………………………………… 143
　　10.1.4　表格数据的计算和统计 …………………………………… 144
　　10.1.5　表格数据的筛选 …………………………………… 146
　　10.1.6　表格数据作图 …………………………………… 147
10.2　xlwings 库 …………………………………… 148
　　10.2.1　创建 App 对象 …………………………………… 149
　　10.2.2　创建 Book 对象 …………………………………… 150
　　10.2.3　创建 sheet 对象 …………………………………… 150
　　10.2.4　range 对象操作 …………………………………… 151
　　10.2.5　单元格扩展 …………………………………… 153
　　10.2.6　单元格其他格式设置 …………………………………… 153
　　10.2.7　单元格自动填充 …………………………………… 156
　　10.2.8　表格的最大行数和列数的获取 …………………………………… 157
　　10.2.9　工作表内容的复制 …………………………………… 158
　　10.2.10　合并单元格 …………………………………… 159
习题 10 …………………………………… 159

第 3 部分　Python 机器学习算法

第 11 章　机器学习基础 …………………………………… 163

11.1　特征工程 …………………………………… 164
　　11.1.1　特征缩放 …………………………………… 165
　　11.1.2　特征选择 …………………………………… 165
　　11.1.3　特征编码 …………………………………… 166
　　11.1.4　文本特征提取 …………………………………… 167
　　11.1.5　特征生成 …………………………………… 169
11.2　回归模型 …………………………………… 170
　　11.2.1　一元线性回归模型 …………………………………… 170
　　11.2.2　多元线性回归模型 …………………………………… 172
　　11.2.3　岭回归模型 …………………………………… 176
　　11.2.4　Lasso 回归模型 …………………………………… 177

11.2.5　多项式回归模型 ………………………………………………… 179
　　11.2.6　梯度下降法 ……………………………………………………… 183
　　11.2.7　随机梯度下降法 ………………………………………………… 185
　　11.2.8　小批量梯度下降法 ……………………………………………… 185
11.3　逻辑回归 …………………………………………………………………… 186
11.4　决策树和随机森林 ………………………………………………………… 191
　　11.4.1　决策树 …………………………………………………………… 191
　　11.4.2　随机森林 ………………………………………………………… 197
11.5　朴素贝叶斯分类 …………………………………………………………… 202
　　11.5.1　多项式朴素贝叶斯分类器 ……………………………………… 202
　　11.5.2　补集朴素贝叶斯分类器 ………………………………………… 203
　　11.5.3　伯努利贝叶斯分类器 …………………………………………… 203
　　11.5.4　高斯贝叶斯分类器 ……………………………………………… 203
11.6　支持向量机 ………………………………………………………………… 208
11.7　主成分分析法 ……………………………………………………………… 216
11.8　K 均值聚类算法 …………………………………………………………… 220
11.9　K 近邻算法 ………………………………………………………………… 227
习题 11 ……………………………………………………………………………… 230

参考文献 ……………………………………………………………………………… **231**

第1部分

Python程序设计基础

第1章 Python程序设计概述

CHAPTER 1

正所谓"工欲善其事,必先利其器",在正式学习 Python 之前,先要搭建一个适合学习 Python 语言的平台。本章将介绍如何搭建一个 Python 语言的开发环境,以及如何使用 Python 进行简单程序的编写以便更好地进行 Python 语言的学习。

1.1　Python 语言的特点

1.1.1　Python 的优势

（1）易于学习。Python 关键字少，结构简单，语法定义明确，学习更加容易。
（2）易于阅读。Python 的代码定义更清晰。
（3）易于维护。Python 源代码的维护相对容易。
（4）标准库功能强大。Python 的最大优势之一是拥有丰富的库，具有良好的跨平台性，在各种操作系统上均能很好地兼容。
（5）可移植性强。Python 开放源代码特性使得其能被移植到其他平台。
（6）可扩展性好。Python 中能方便调用其他语言编写的程序。
（7）数据库应用。Python 提供了主流的商业数据库的接口。
（8）图形用户界面（Graphical User Interface，GUI）。Python 支持 GUI 创建并移植到许多系统调用。
（9）可嵌入式应用。可将 Python 嵌入 C/C++ 程序，使用户获得"脚本化"的能力。

1.1.2　为什么要学习 Python？

作为大学本科生和研究生，在学习 Python 之前，一般都学习了"计算机基础"和"C 语言"，部分专业还学习了"微机原理"（或者"单片机原理"）。"计算机基础"这门课程主要讲授如何使用 Word、Excel、PowerPoint，熟练掌握相关内容是信息时代对当代大学生的基本要求。C 语言是一门结构化的程序设计语言，对掌握编程基本知识是非常有必要的，主要用于建立计算机程序设计的思维模式。C 语言采用编译—链接—运行的方式运行程序。Python 采用解释执行的方式执行程序，Python 解释器通过一次执行一条语句来运行程序。Python 程序设计的主要优点是简洁、直接和清晰，且有庞大的第三方库作为支撑。与 MATLAB 相比，Python 的科学计算能力并不逊色，而且 Python 库的可扩展性和开放性均强于 MATLAB。同时，Python 还能方便地进行文件管理、界面设计、网络通信等。开发者可以用 Python 实现完整应用程序所需的各种功能。

1.1.3　学习 Python 可以获得哪些益处？

通过 Python 的学习，我们不仅可以学习编程的基本知识，而且能方便进入数据分析和机器学习领域，实现计算机编程、数据分析和机器学习三位一体的学习，Python 可以同时进行这三种编程，十分符合当今需求。虽然 Python 程序设计运行速度较慢，但是瑕不掩瑜，它相对于其他语言的优势十分明显，并且 Python 可以通过第三方库来扩展，从而满足计算速度的需求。Python 的第三方库非常容易获得，这也是 Python 自身的巨大优势之一。

1.2 Python 及其集成开发环境的下载与安装

1.2.1 Python 的下载和安装

目前的 Python 主要有两大版本广为使用,分别为 Python 2 和 Python 3。Python 2 已经停止开发,但为了不带入过多的累赘,Python 3 在设计时没有考虑向下兼容,导致 Python 2 的代码在 Python 3 中通常无法运行,所以学习时应下载 Python 3.x 的版本。

下载和安装 Python 的步骤如下。

(1) 在浏览器中直接输入 https://www.python.org/进入官网。

(2) 在下载界面选择 Windows 操作系统版本并选择最新 Python 3 和 64 位操作系统版本进行下载和安装。

1.2.2 Python 的集成开发环境

1. Anaconda(https://www.anaconda.com/)

Anaconda 用于大规模数据处理、预测分析和科学计算的 Python 发行版,是 Python 最常用的集成开发环境。Anaconda 已经预先安装好 NumPy、SciPy、Matplotlib、Pandas、Jupyter 和 scikit-learn 等库文件。它可以在 macOS、Windows 和 Linux 上运行,是一种非常方便的解决方案。进入 Anaconda 官网后,单击 Download 按钮进行下载,下载完成后单击可执行文件,按提示完成 Anaconda 的安装。

2. PyCharm(https://www.jetbrains.com.cn/en-us/pycharm/)

PyCharm 是另一款功能强大的 Python 编辑器,具有跨平台性。进入 PyCharm 官方网站后,单击 Download 按钮进行下载和安装。其中,Professional 是专业版,Community 是社区版,推荐安装免费使用的社区版。下载软件后,单击并按提示进行安装。

1.3 Jupyter 的使用

1.3.1 Python 常用快捷键的使用

1. 命令行模式(按 Esc 键生效)

Enter:进入编辑模式。
P:打开命令配置。
H:调出快捷键界面。
Shift+Enter:运行代码块,选择下面的代码块。
Ctrl+Enter:运行选中的代码块。

Alt＋Enter：运行代码块并且插入下面。

Ctrl＋Shift＋"-"：将光标所在位置以下的程序段在下一段显示。

Y：把代码块变成代码。

M：把代码块变成标签。

R：清除代码块格式。

上：选择上面的代码块。

下：选择下面的代码块。

A：在上面插入代码块。

B：在下面插入代码块。

X：剪切选择的代码块。

C：复制选择的代码块。

Shift＋V：粘贴到上面。

V：粘贴到下面。

Z：撤销删除。

Ctrl＋S：保存并检查。

S：保存并检查。

L：切换行号。

2. 编辑模式（按 Enter 键生效）

Tab：代码完成或缩进。

Ctrl＋]：缩进。

Ctrl＋[：取消缩进。

Ctrl＋A：全选。

Ctrl＋Z：撤销。

Ctrl＋D：删除整行。

Ctrl＋U：撤销选择。

Ctrl＋Y：重做。

Alt＋U：重新选择。

Ctrl＋M：进入命令行模式。

Ctrl＋S：保存并检查。

以上是命令行模式和编辑模式中常用的快捷键。

1.3.2 运行第一个 Python 程序

从"开始"菜单或者找到安装路径，单击运行 Jupyter Notebook，就可以开始程序的编写了。对于大多数程序语言，第一个入门编程代码便是"Hello World!"，以下代码的作用是让 Python 输出"Hello World!"。

```
print("Hello, World!")
```

程序运行结果如下。

```
Hello, World!
```

1.4 使用 Python 进行简单编程

例 1-1 注释的使用(In[1])。

Python 中单行注释以 #(Ctrl+/)开头,示例如下。

```
In[1]:
    #第一个注释
    print("Hello, Python!")
```

程序运行结果如下。

```
Hello, Python!
```

也可以选中多行,使用 Ctrl+/进行多行注释。选中已经注释的多行,再次使用 Ctrl+/可以取消多行注释。

例 1-2 求 1000 以内的水仙花数(In[2])。

```
In[2]:
    print('1000 以内的水仙花数有:')
    for i in range(100,1000):
        k1 = int(i/100)
        k2 = i % 100
        k3 = int(k2/10)
        k4 = k2 % 10
        k5 = k1**3+k3**3+k4**3
        if i == k5:
            print(i)
```

程序运行结果如下。

```
1000 以内的水仙花数有:
153
370
371
407
```

例 1-3 输入 5 个学生的成绩,输出平均分(In[3])。

```
In[3]:
    flag = 0
    print('请输入 5 个学生的成绩:')
    list = []
    for i in range(5):
        try:
            j = int(input())
        except:
            print('请重新输入一个整数:')
            try:
                j = int(input())
            except:
```

```
            print("输入错误,请重新运行程序!")
            flag = 1;
            break;
        list.insert(i,j)
    if flag == 0:
        average_score = sum(list)/len(list)
        print('5 个学生的平均成绩为:',average_score)
        print(f"5 个学生的平均成绩为:{average_score}")
        print('5 个学生的平均成绩为:% 4.0f' % average_score)
        print('5 个学生的平均成绩为:{0}'.format(average_score))
```

程序运行结果如下。

请输入 5 个学生的成绩:
45
67
89
56
100
5 个学生的平均成绩为:71.4
5 个学生的平均成绩为:71.4
5 个学生的平均成绩为: 71
5 个学生的平均成绩为:71.4

在上述程序中,重点关注输入输出语句的使用方式。以上程序使用 try…except 的结构检查输入数据是否为整数,如果连续两次输入不是整数,就退出循环,并使 flag 为 0,程序不输出任何结果。

例 1-4 输入两个整数,输出其中的较大值(In[4])。

```
In[4]:
    # 以逗号分隔输入的两个数字
    # a,b = input().split()
    # 以逗号分隔两个数字
    # a,b = input().split(',')
    x = 0
    while x == 0:
        try:
            a,b = input().split(',')
            a = int(a)
            b = int(b)
            if isinstance(a,int) == True:
                if isinstance(b,int) == True:
                    x = 1
        except:
            print('输入错误,请重新输入整数:')
            x = 0
    if a > b:
        c = a
    else:
        c = b
    print('较大值是:',c)
```

程序运行结果如下。

请输入两个整数:23,45
较大值是:45

在上述程序中，需要重点关注输入语句的使用方式。程序段检查以逗号(,)输入的两个字符串是否为整数，如果不为整数，则提示重新输入，直到输入的两个字符串都是整数为止。这种处理方式可显著提高程序的健壮性，在编程时应该多加使用。

例 1-5　format 的使用(In[5]～In[8])。

format 是一种格式化字符串的函数，用于增强字符串格式化的功能，也可以用于格式化数字的输出方式。

In[5]：
```
#不设置指定位置，按默认顺序
print("{} {}".format("my","Python"))
```

程序运行结果如下。

my Python

In[6]：
```
#设置指定位置
print("{0} {0} {1}".format("my","Python"))
```

程序运行结果如下。

my my Python

In[7]：
```
#设置指定位置
print("{1} {0} {1}".format("my","Python"))
```

程序运行结果如下。

Python my Python

In[8]：
```
#用于格式化输出数字
print("{:.2f}".format(5.78654321))
```

程序运行结果如下。

5.79

例 1-6　在屏幕上输出以下图案(In[9])。

```
    *
   * *
  * * *
   * *
    *
```

In[9]：
```
for i in range(3):
    for j1 in range(3-(i+1)):
        print(" ",end="")
    for j1 in range(2*i+1):
        print("*",end="")
    print("")
for i in range(2):
    for j1 in range(i+1):
        print(" ",end="")
    for j1 in range(3-2*i):
```

```
            print(" * ",end = "")
        print("")
```

程序运行结果如下。

```
          *
         * * *
        * * * * *
         * * *
          *
```

Python 中的 print()函数默认是换行的,如果不换行,则指定 print()函数的 end 参数为空即可。

习题 1

本书提供在线测试习题,扫描下面的二维码,可以获取本章习题。

在线测试

第2章 内建数据结构

CHAPTER 2

Python 常用的内建数据结构有列表(list)、元组(tuple)、字典(dict)和集合(set)。Python 内建数据结构功能强大,使用灵活,应用广泛,是 Python 程序设计语言的主要特色之一。

视频讲解

2.1 列表

列表是 Python 最常用的数据结构，由按一定顺序排列在一起的元素组成。各元素可以是字符(串)、数字，甚至是其他类型的数据结构，如字典、集合、元组。在 Python 中，列表用方括号[]表示，各元素之间用逗号(,)分隔。

2.1.1 列表的创建和索引

例 2-1 列表的创建和索引举例(In[1]~In[5])。

In[1]:
```
list1 = [1,2,3,4,"Python",{3:'a', 4:'b', 5:'c', 6:'d'},None,(1,2,3,4)]
print(list1)
```

程序运行结果如下。

[1, 2, 3, 4, 'Python', {3: 'a', 4: 'b', 5: 'c', 6: 'd'}, None, (1, 2, 3, 4)]

以上程序创建了一个列表 list1，由数字、字符串、字典、元组等组成。列表元素的索引要用[]括起来，[]中写上元素的索引值，索引值从 0 开始。

In[2]:
```
list1[0]
```
Out[2]:
1

In[3]:
```
list1[5]
```
Out[3]:
{3:'a', 4:'b', 5:'c', 6:'d'}

列表的索引也可以从列表最后一个元素倒序索引，最后一个元素的索引值为 −1。

In[4]:
```
list1[-1]
```
Out[4]:
(1, 2, 3, 4)

In[5]:
```
list1[-4]
```
Out[5]:
'Python'

2.1.2 列表元素的增、删、改操作

例 2-2 列表元素的增、删、改操作举例(In[6]~In[14])。

1. 列表元素的增加

(1) 使用 append(x)方法在列表的尾部增加一个元素 x。

In[6]:
```
list2 = [1,2,3,4]
```

```
list2.append(5)
print(list2)
```
程序运行结果如下。

[1, 2, 3, 4, 5]

（2）使用 extend(L) 方法在列表的尾部增加一个列表 L。

In[7]：
```
list3 = [1,2,3,4]
list4 = [5,6,(3,4,5)]
list3.extend(list4)
print(list3)
```
程序运行结果如下。

[1, 2, 3, 4, 5, 6, (3, 4, 5)]

（3）使用 insert(i,x) 方法在列表的第 i 个位置插入元素 x。

In[8]：
```
list5 = [1,2,3,4]
list5.insert(1,5)
print(list5)
```
程序运行结果如下。

[1, 5, 2, 3, 4]

2．列表元素的删除

（1）使用 del 函数删除列表中索引为 i 的元素。

In[9]：
```
list6 = [1,3,2,5,3]
del list6[-3]
print(list6)
```
程序运行结果如下。

[1, 3, 5, 3]

使用 pop() 方法删除列表的最后一个元素，也可以使用 pop(i) 删除索引为 i 的元素。

In[10]：
```
list7 = [1,2,3,4]
list7.pop(3)
print(list7)
```
程序运行结果如下。

[1, 2, 3]

In[11]：
```
list8 = [1,2,3,4]
list8.pop(1)
print(list8)
```

程序运行结果如下。

[1, 3, 4]

（2）使用 remove(x) 方法删除列表中第一个值为 x 的元素。

In[12]:
```
list9 = [1,2,3,4,2,3,4,2]
list9.remove(2)
print(list9)
```

程序运行结果如下。

[1, 3, 4, 2, 3, 4, 2]

在使用 remove(x) 方法时，若 x 不在列表中，则会显示异常。在程序设计中，为避免出现这种情况，可以采用 try…except 处理异常，这样程序会更加健壮。

In[13]:
```
list10 = [1,2,3,4,2,3,4,2]
try:
    list10.remove(8)
except:
    print('8 不在列表中')
```

程序运行结果如下。

8 不在列表中

3. 列表元素的修改

使用列表名[i]=x 的方式将列表索引为 i 的元素修改为 x。

In[14]:
```
list11 = [1,2,3,4]
list11[1] = 5
print(list11)
```

程序运行结果如下。

[1, 5, 3, 4]

2.1.3 列表的其他操作

list.clear() 用于清空列表，list.index(x) 用于返回第一个值为 x 的元素在列表中的索引值，list.count(x) 用于统计列表中 x 元素的个数，list.reverse() 用于将列表反向排序，list.sort() 用于将列表从小到大排序，list.copy() 用于返回一个列表的副本。

例 2-3 列表的其他操作举例（In[15]～In[16]）。

In[15]:
```
list12 = [2,35,4,1]
list13 = list12
list13[0] = 5
print(list12)
```

程序运行结果如下。

[5,35,4,1]

In[16]:
```
list14 = [2,35,4,1]
list15 = list14.copy()
list15[0] = 5
print(list14)
```

程序运行结果如下。

[2,35,4,1]

注意到上述程序运行结果的区别,第一段程序是两个列表 list13=list12,实际上两个列表占用同一段存储空间,当 list12 修改了第一个元素后,list13 的第一个元素值也改变了。在第二段程序中,lsit15 是 list14 的副本,两个列表占用不同的存储空间,因此修改了 lsit15 后 list14 的值并没有改变。

2.1.4 列表元素的切片

列表的切片是指取出列表的部分元素,这是列表独有的操作方式。在使用时要注意列表切片具有左闭右开的性质,不能取出切片的右边最后一个元素。

例 2-4 列表的切片举例(In[17]~In[20])。

In[17]:
```
list16 = [7,6,5,4,10,12,32,45]
#取出列表的第 0、1 个元素,不包括第 2 个元素
list16[0:2]
```
Out[17]:
```
[7,6]
```
In[18]:
```
list17 = [7,6,5,4,10,12,32,45]
#取出列表的倒数第 3、2 个元素,不包括倒数第 1 个元素
list17[-3:-1]
```
Out[18]:
```
[12,32]
```
In[19]:
```
list18 = [7,6,5,4,10,12,32,45]
#注意和 list19 = list18 的区别
list19 = list18[:]
list19.append(12)
print(list19)
```

程序运行结果如下。

[7, 6, 5, 4, 10, 12, 32, 45, 12]

In[20]:
```
list20 = [7,6,5,4,10,12,32,45]
#可取出倒数-3 至最后一个元素
list21 = list20[-3:]
print(list21)
```

程序运行结果如下。

```
[12, 32, 45]
```

2.1.5 列表中几个常用的内置函数

1. enumerate 函数

enumerate 函数的作用是遍历列表并将其索引与值一一对应。

例 2-5 列表的内置函数举例(In[21]~In[28])。

In[21]:
```
list22 = ['I','love','chinese']
dict1 = {}
for j,v in enumerate(list22):
    dict1[v] = j
print(dict1)
```

程序运行结果如下。

```
{'I':0, 'love':1, 'chinese':2}
```

2. zip 函数

zip 函数的作用是将列表、元组或其他序列的元素配对,得到一个由元组构成的列表。

In[22]:
```
list23 = ['one','two','three','seven']
list24 = ['four','five','six']
list25 = list(zip(list23,list24))
print(list25)
```

程序运行结果如下。

```
[('one', 'four'), ('two', 'five'), ('three', 'six')]
```

新生成的列表长度由列表中最短的元素决定。

In[23]:
```
list26 = ['one','two','three']
list27 = ['four','five','six']
list28 = [1,2]
list29 = list(zip(list26,list27,list28))
print(list29)
```

程序运行结果如下。

```
[('one', 'four', 1), ('two', 'five', 2)]
```

zip 函数还可以与 enumerate 配合同时遍历多个系列。

In[24]:
```
list30 = ['one','two','three']
list31 = ['four','five','six']
for i,(a,b) in enumerate(zip(list30,list31)):
    print('{0}:{1},{2}'.format(i,a,b))
```

程序运行结果如下。

```
0:one,four
1:two,five
2:three,six
```

3. reservate 函数

reservate 函数的作用是将列表倒序排列。

In[25]:
```
list32 = [12,3,2,5,6,7,8,91]
list33 = list(reversed(list32))
print(list33)
```

程序运行结果如下。

[91, 8, 7, 6, 5, 2, 3, 12]

4. sorted 函数

sorted 函数的作用是将列表各元素从小到大进行排序。

In[26]:
```
list34 = [10,2,3,4,65,32,31,100]
sorted(list34)
```
Out[26]:
```
[2, 3, 4, 10, 31, 32, 65, 100]
```

2.1.6 列表推导式

In[27]:
```
list36 = []
list35 = [(1,2,3),(4,5,6),(7,8,9)]
for l1 in list35:
    for l2 in l1:
        list36.append(l2)
print(list36)
```

程序运行结果如下。

[1, 2, 3, 4, 5, 6, 7, 8, 9]

上述程序相当于：

In[28]:
```
list37 = [(1,2,3),(4,5,6),(7,8,9)]
list38 = [x for lx in list37 for x in lx]
print(list38)
```

程序运行结果如下。

[1, 2, 3, 4, 5, 6, 7, 8, 9]

2.2 元组

Python 的元组与列表类似,不同之处在于元组中的元素不能修改。元组使用圆括号()创建。

2.2.1 元组的创建

例 2-6 元组的创建举例(In[29]~In[31])。

元组创建的方法是使用括号添加元素,并用逗号隔开。

```
In[29]:
    tup1 = ('hello','world',1997,2000)
    tup2 = (1,2,3,4,5)
    tup3 = "a", "b", "c", "d"
    tup4 = (1,2,3),(4,5)
    tup5 = tuple([1,2,3])
    print("tup1:", tup1)
    print("tup2:", tup2)
    print("tup3:", tup3)
    print("tup4:", tup4)
    print("tup5:", tup5)
```

程序运行结果如下。

```
tup1: ('hello', 'world', 1997, 2000)
tup2: (1, 2, 3, 4, 5)
tup3: ('a', 'b', 'c', 'd')
tup4: ((1, 2, 3), (4, 5))
tup5: (1, 2, 3)
```

以上程序创建了 5 个元组 tup1、tup2、tup3、tup4、tup5。元组元素的引用用[]括起来,[]中写上元素的索引值,索引值从左到右依次从 0 开始递增,从右到左依次从 -1 开始递减。

```
In[30]:
    tup6 = ('I', 'love', 'Chinese', 'hello', 'world','Python')
    print(tup6[1])
    print(tup6[-2])
    print(tup6[1:])
    print(tup6[1:4])
```

程序运行结果如下。

```
love
world
('love', 'Chinese', 'hello', 'world', 'Python')
('love', 'Chinese', 'hello')
```

注意:元组中只包含一个元素时,需要在元素后面添加逗号,否则括号会被当作运算符使用。

In[31]:
```
#不加逗号,类型为整型
tup7 = (50)
print(type(tup7))
#加上逗号,类型为元组
tup7 = (50,)
print(type(tup7))
```

程序运行结果如下。

```
<class 'int'>
<class 'tuple'>
```

2.2.2 元组的修改与删除

例 2-7 元组的修改与删除举例(In[32]~In[36])。

1. 修改元组

元组中的元素值是不允许修改的,但我们可以对元组进行连接组合。

In[32]:
```
tup8 = (12, 34.56)
tup9 = ('abc', 'xyz')
tup10 = tup8 + tup9
print("tup10 = ",tup10)
```

程序运行结果如下。

```
tup10 = (12, 34.56, 'abc', 'xyz')
```

以下修改元组元素的操作是非法的。

In[33]:
```
tup11 = (12, 34.56)
tup11[0] = 100
```

程序运行结果如下。

```
TypeError: 'tuple' object does not support item assignment
```

元组的内容是不可变的,但可以给元组变量重新赋值。

In[34]:
```
tup12 = ('r', 'u', 'n', 'o', 'o', 'b')
tup12 = (1,2,3)
print(tup12)
```

程序运行结果如下。

```
(1,2,3)
```

从以上程序可以看出,对 tup12 进行重新赋值后,其值发生了改变。

2. 元组中的可变项

元组中元素是不可变的,但当元组元素含可变对象()时,可变对象内部元素值是可以修改的。

In[35]:
    tuple13 = (1, 2, 3, [1, 4, 7])
    print(tuple13)
    tuple13[3][2] = 100
    print(tuple13)

程序运行结果如下。

(1, 2, 3, [1, 4, 7])
(1, 2, 3, [1, 4, 100])

3. 删除元组

元组中的元素值是不允许删除的,但我们可以使用 del 语句删除整个元组。

In[36]:
    tup14 = ('Google', 'Runoob', 1997, 2000)
    del tup14
    print(tup14)

程序运行结果如下。

NameError:name 'tup14' is not defined

2.2.3 元组的其他操作

例 2-8 元组的其他操作举例(In[37]~In[43])。

1. 计算元素个数

In[37]:
    tup15 = ('Google', 'Python', 2020, 2021)
    len(tup15)
Out[37]:
    4

2. 元组的连接

In[38]:
    tup16 = (12, 34.56)
    tup17 = ('abc', 'xyz')
    tup18 = tup16 + tup17
    print(tup18)

程序运行结果如下。

(12, 34.56, 'abc', 'xyz')

3. 复制元组

In[39]:
    tup19 = ('Google', 'hello', 2019, 2000)
    tup19 * 2

Out[39]:
('Google', 'hello', 2019, 2000, 'Google', 'hello', 2019, 2000)

4. 判断元素是否在元组中

In[40]:
```
tup20 = ('Google', 'Runoob',2019, 2020)
2020 in tup20
```
Out[40]:
True

5. 元组的拆包

In[41]:
```
tup21 = 1,2,3
a,b,c = tup21
print(a)
print(b)
print(c)
```
程序运行结果如下。

1
2
3

In[42]:
```
a = 6
b = 8
a,b = b,a
print(a)
print(b)
```
程序运行结果如下。

8
6

In[43]:
```
tup22 = 1,2,(3,4)
a,b,(c,d) = tup22
print('a = {0},b = {1},c = {2},d = {3}'.format(a,b,c,d))
```
程序运行结果如下。

a = 1,b = 2,c = 3,d = 4

2.2.4 元组的内置函数

例 2-9 元组的内置函数举例(In[44]～In[47])。

(1) len(tuple)函数。len(tuple)函数的作用是计算元组元素的个数。

In[44]:
```
tuple23 = ('hello', 'world', 'Python')
len(tuple23)
```

```
Out[44]:
    3
```

(2) max(tuple)函数。max(tuple)函数的作用是返回元组中元素的最大值。

```
In[45]:
    tuple24 = ('5', '4', '8')
    max(tuple24)
Out[45]:
    '8'
```

(3) min(tuple)函数。min(tuple)函数的作用是返回元组中元素的最小值。

```
In[46]:
    tuple25 = ('5', '4', '8')
    min(tuple25)
Out[46]:
    '4'
```

(4) tuple(tuple)函数。tuple(tuple)函数的作用是将列表转换为元组。

```
In[47]:
    listx = ['hello', 'world', 'Python', 'Baidu']
    tuple26 = tuple(listx)
    print(tuple26)
```

程序运行结果如下。

```
('hello', 'world', 'Python', 'Baidu')
```

2.3 字典

字典是一种可变容器模型,可存储任意类型的对象。字典的每个键值对(key,value)用冒号(:)分隔,键值对之间用逗号(,)分隔,整个字典包括在花括号{}中。

2.3.1 字典的创建

例2-10 字典的创建举例(In[48])。

```
In[48]:
    dict1 = {'name':'baidu', 'likes':123, 'url':'www.baidu.com'}
    print(dict1)
```

程序运行结果如下。

```
{'name':'baidu', 'likes':123, 'url':'www.baidu.com'}
```

在字典中,键必须是唯一的,但值则不必。值可以取任何数据类型,但键是不可变的,如字符串、数字。

2.3.2 访问字典

例2-11 字典的访问举例(In[49]~In[50])。
访问字典,只需要将相应的键放入方括号中。

In[49]:
    dict2 = {'Name':'jack', 'Age':7, 'Class':'First'}
    print("dict['Name']:", dict2['Name'])
    print("dict['Age']:", dict2['Age'])

程序运行结果如下。

dict['Name']:jack
dict['Age']:7

如果用字典中没有的键访问数据,则会输出以下错误。

In[50]:
    dict3 = {'Name':'Python', 'Age':7, 'Class':'First'}
    print("dict['Alice']:", dict3['Alice'])

程序运行结果如下。

KeyError:'Alice'

2.3.3 修改字典

例 2-12 字典的修改举例(In[51])。
修改字典需要给出键和值。

In[51]:
    dict4 = {'Name':'zhangsan', 'Age':22, 'Class':'First'}
    dict4['Age'] = 23
    dict4['School'] = "昆明理工大学"
    print("dict4['Age']:", dict4['Age'])
    print("dict4['School']:", dict4['School'])

程序运行结果如下。

dict4['Age']:23
dict4['School']:昆明理工大学

2.3.4 字典的操作

例 2-13 字典的操作举例(In[52]~In[55])。

1. 删除键值对

In[52]:
    dict5 = {'Name':'zhangsan', 'Age':7, 'Class':'First'}
    del dict5['Name']
    print(dict5)

程序运行结果如下。

{'Age':7, 'Class':'First'}

2. 清空字典

In[53]:
    dict6 = {'Name':'zhangsan', 'Age':7, 'Class':'First'}

```
    del dict6
    print("dict['Age']:", dict6['Age'])
```

程序运行结果如下。

NameError: name 'dict6' is not defined

结果显示 dict6 已经不存在了。

3. 删除整个字典

```
In[54]:
    dict7 = {'Name':'zhangsan', 'Age':7, 'Class':'First'}
    dict7.clear()
    print(dict7)
```

程序运行结果如下。

{}

4. 遍历字典

```
In[55]:
    dict8 = {'a':'hello world','b':[1,2,3,4],'c':(4,5,6,7),'d':'Python'}
    for key in dict8.keys():
        print(key,":",dict8[key])
```

程序运行结果如下。

```
a : hello world
b : [1, 2, 3, 4]
c : (4, 5, 6, 7)
d : Python
```

2.3.5 字典键的特性

例 2-14　字典的特性举例(In[56]～In[57])。

字典值可以是任意 Python 对象,即字典值可以是标准的对象,也可以是用户定义的对象,但键只能是不可变对象,且键具有以下两个重要的特性。

(1) 同一字典中不允许一个键出现两次。创建时如果同一个键被赋值两次,后一个值会被记住。

```
In[56]:
    dict = {'Name':'zhangsan', 'Name':'lisi'}
    print("dict['Name']:", dict['Name'])
```

程序运行结果如下。

dict['Name']:lisi

(2) 键必须不可变,所以可以是数字、字符串或元组,而不能是列表、字典等可变对象。

```
In[57]:
    dict = {['Name']:'Python', 'Age':7}
    print("dict['Name']:", dict['Name'])
```

程序运行结果如下。

TypeError:unhashable type:'list'

2.3.6 字典几个常用的内置函数

字典的内置函数主要有 len()、str()、type()等。

例 2-15 字典的内置函数举例(In[58]~In[60])。

1. len()函数

求出字典元素个数,即键的总数。

```
In[58]:
  dict = {'Name':'zhangsan', 'Age':7, 'Class':'First'}
  len(dict)
Out[58]:
  3
```

2. str()函数

输出字典,以字符串的形式表示。

```
In[59]:
  dict = {'Name':'zhangsan', 'Age':7, 'Class':'First'}
  str(dict)
Out[59]:
  "{'Name':'zhangsan', 'Age':7, 'Class':'First'}"
```

3. type()函数

返回输入的变量类型,如果变量是字典就返回字典类型。

```
In[60]:
  dict = {'Name':'zhangsan', 'Age':7, 'Class':'First'}
  type(dict)
Out[60]:
  dict
```

2.4 集合

集合(set)是一个无序的不重复元素序列。

2.4.1 集合的创建

可以使用花括号{}或者 set()函数创建集合,注意:创建一个空集合必须用 set()而不是{},因为{}是用来创建一个空字典的。

例 2-16 集合的创建举例(In[61]~In[62])。

```
In[61]:
  set1 = {'apple', 'orange', 'apple', 'pear', 'orange', 'banana'}
```

```
print(set1)
```

程序运行结果如下。

{'orange', 'pear', 'banana', 'apple'}

In[62]:
```
a = [11,22,33,44,11,22]
set2 = set(a)
set2
```
Out[62]:
{11, 22, 33, 44}

上面两个例子说明集合具有去重功能。

2.4.2 集合的基本操作

集合的基本操作包括添加元素、移除元素、计算集合的个数等。

例 2-17 集合的基本操作(In[63]～In[73])。

1. 添加元素

In[63]:
```
set3 = {'apple', 'orange', 'pear'}
set3.add('banana')
print(set3)
```

程序运行结果如下。

{'orange', 'pear', 'banana', 'apple'}

还有一个方法,也可以添加元素,且参数可以是列表、元组、字典等。

In[64]:
```
set4 = {'apple', 'orange', 'pear'}
set4.update({1,3})
print(set4)
```

程序运行结果如下。

{1, 'pear', 3, 'apple', 'orange'}

In[65]:
```
set5 = {'apple', 'orange', 'pear'}
set5.update({'Name':'zhangsan'})
print(set5)
```

程序运行结果如下。

{'orange', 'pear', 'apple', 'Name'}

2. 移除元素

使用 s.remove(x)将元素 x 从集合 s 中移除,如果元素不存在,则会发生错误。

In[66]:
```
set6 = {'apple', 'orange', 'pear'}
```

```
set6.remove('orange')
print(set6)
```

程序运行结果如下。

{'pear', 'apple'}

In[67]:
```
set7 = {'apple', 'orange', 'pear'}
set7.remove('banana')
print(set7)
```

程序运行结果如下。

keyError:'banana'

此外，discard(x)方法也可以用于移除集合中的元素，如果元素不存在，则不会发生错误。

In[68]:
```
set8 = {'apple', 'orange', 'pear'}
set8.discard('banana')
set8
```
Out[68]:
{'orange', 'pear', 'apple'}

通常也可以使用 pop()方法随机删除集合中的一个元素。

In[69]:
```
set9 = set(['apple', 'orange', 'pear', 'banana'])
set9.pop()
print(set9)
```

程序运行结果如下。

{'banana', 'pear', 'apple'}

3. 计算集合元素个数

In[70]:
```
set10 = set(['apple', 'orange', 'pear', 'banana'])
len(set10)
```
Out[70]:
4

4. 清空集合

In[71]:
```
set11 = set(['apple', 'orange', 'pear', 'banana'])
set11.clear()
print(set11)
```

程序运行结果如下。

set()

5. 判断元素是否在集合中存在

```
In[72]:
    set12 = set(['apple', 'orange', 'pear', 'banana'])
    'grape' in set12
Out[72]:
    False
In[73]:
    set13 = set(['apple', 'orange', 'pear', 'banana'])
    'orange' in set13
Out[73]:
    True
```

2.5 对象的浅拷贝和深拷贝

Python 中对象的赋值分为三类,第一类是直接赋值,实际上是两个对象共同占有同一个内存段。第二类是对象的浅拷贝,当被拷贝的对象不含任何可变子对象(如含列表、字典、子对象)时,这种拷贝方式相当于直接赋值。如果被拷贝的对象含有子对象,则子对象的存储空间和被拷贝对象的存储空间相同,拷贝后,若其中任何一个可变子对象的内容改变,则另一个子对象的值相应改变。第三类是对象的深拷贝,此时拷贝对象和被拷贝对象的所有分量的存储空间均不相同,任何一个对象的值改变,另一个对象的值不受影响。以下举例加以说明。

例 2-18 对象的浅拷贝和深拷贝举例(In[74])。

```
In[74]:
    import copy
    list1 = [1, 2,'hello', [3, 4]]
    list2 = copy.copy(list1)
    list3 = copy.deepcopy(list1)
    list4 = list1
    list5 = list1[:]
    #修改原始列表的第一个元素
    list1[0] = 5
    #修改原始列表中嵌套列表的第一个元素
    list1[3][0] = 6
    print("list1:", list1)
    # list2 是 list1 的浅拷贝
    print("list2:", list2)
    # list3 是 list1 的深拷贝
    print("list3:", list3)
    # list4 是 list1 的赋值
    print("list4:", list4)
    # list5 相当于 list1 的浅拷贝
    print("list5:", list5)
```

程序运行结果如下。

```
list1: [5, 2, 'hello', [6, 4]]
list2: [1, 2, 'hello', [6, 4]]
```

```
list3：[1, 2, 'hello', [3, 4]]
list4：[5, 2, 'hello', [6, 4]]
list5：[1, 2, 'hello', [6, 4]]
```

习题 2

本书提供在线测试习题，扫描下面的二维码，可以获取本章习题。

在线测试

第3章 Python语句

CHAPTER 3

Python语句是Python程序的基本组成单元,一个大型的Python程序都是由一个个Python语句构成的,所谓万丈高楼平地起,学好Python基本语句是熟练编写Python程序的前提和基础。与其他语言一样,Python语言可以实现顺序、选择和循环的程序结构。

3.1 输出语句格式控制语句

视频讲解

例 3-1 基本输出语句格式举例(In[1])。

1. 基本输出语句

In[1]:
```
print('hello world!')
print(5)
```

程序运行结果如下。

```
hello world!
5
```

2. 使用%格式控制符对输出格式进行控制

%格式控制符是用于控制打印输出的格式的特殊字符,在 Python 中常用的%格式控制符如表 3-1 所示。

表 3-1 Python 中常用的%格式控制符

格式符号	转换
%s	字符串
%d	有符号的十进制整数
%f	浮点数
%c	字符
%u	无符号十进制整数
%x	十六进制整数(输出小写十六进制)
%X	十六进制整数(输出大写十六进制)
%e	科学记数法(输出的字母部分为小写)
%E	科学记数法(输出的字母部分为大写)

现举一个例子说明 Python 中%格式控制符的用法。

例 3-2 %格式控制符举例(In[2])。

In[2]:
```
name = 'hello world!'
print('Her name is %s'% name)
t = 8.0754
print('%5.2f'% t)
name = '张红'
age = 23
print('我的名字是%s,我的年龄是%d'%(name,age))
```

程序运行结果如下。

```
Her name is hello world!
8.08
我的名字是张红,我的年龄是23
```

3. 使用 format 方法对格式进行控制

例 3-3 format 格式控制符举例(In[3]~In[7])。

(1) 通过关键字进行格式化。

In[3]:
```
name = '张红'
age = '23'
print('姓名:{名字},年龄:{年龄}'.format(名字 = name,年龄 = age))
```

程序运行结果如下。

姓名:张红,年龄:23

(2) 通过位置进行格式化。

In[4]:
```
print('姓名:{1},年龄:{0}'.format(age,name))
```

程序运行结果如下。

姓名:张红,年龄:23

In[5]:
```
print('{:.2f}'.format(3.1415926))
```

程序运行结果如下。

3.14

In[6]:
```
#针对数字,使用千分位分隔符
print('{:,}'.format(25000.01245))
```

程序运行结果如下。

25,000.01245

(3) 转义字符的使用。

对于某些字符(串)进行特殊处理,需要用到转义字符。在常用的特殊转义字符中,/n 代表换行;/t 表示制表符,其作用相当于一个 Tab 键(4 个空格键)。

In[7]:
```
name = '张红'
age = '23'
sex = '男'
stu_no = '20222305008'
#print('{姓名}'.format(名字 = '张红'))
print('学号:{0}\n 姓名:{1}\n 性别:{2}\n 年龄:{3}'.format(stu_no, name,sex,age))
```

程序运行结果如下。

学号:20222305008
姓名:张红
性别:男
年龄:23

4. 使用 f 方法对输出格式进行控制

f 格式化是 Python 3.6 之后版本才有的功能。通过在字符串前添加 f 或者 F 进行格式化处理,功能相当于%或.format()。

例 3-4 f 方法格式控制符举例(In[8])。

```
In[8]:
    name = '肖伦'
    age = '23'
    sex = '男'
    stu_no = '20222305017'
    print(f'学号:{stu_no}\n 姓名:{name}\n 性别:{sex}\n 年龄:{age}')
```

程序运行结果如下。

```
学号:20222305017
姓名:肖伦
性别:男
年龄:23
```

3.2 选择语句

选择语句主要是 if 语句,分为三个,分别是单项选择语句、双向选择语句和多项选择语句。

例 3-5 选择语句举例(In[9]~ In[12])。

(1) if 单项选择语句。满足选择条件则执行程序块,不满足则不执行。

```
In[9]:
    x = -1
    if x < 0:
        print('x 小于 0')
```

程序运行结果如下。

x 小于 0

(2) if 双向选择语句。满足选择条件则执行语句块 1,否则执行语句块 2。
格式:

```
if 条件 1:
        语句块 1
    else:
        语句块 2
In[10]:
    x = 5
    if x < 0:
      print('x 小于 0')
    else:
      print('x 不小于 0')
```

程序运行结果如下。

x 不小于 0

上述程序也可以修改为以下程序：

In[11]:
```
x = -1
print('x 小于 0') if x < 0 else print('x 不小于 0')
```

程序运行结果如下。

x 小于 0

(3) if 多向双向选择语句。

格式：

```
if 条件 1:
    语句块 1
elif 条件 2:
    语句块 2
elif 条件 3:
    语句块 3
else:
    语句块 n
```

该语句的执行过程如下。

(1) 检查条件 1(if 语句)。

如果条件 1 为真，则执行语句块 1，然后跳过整个 if-elif-else 结构。

如果条件 1 为假，则继续检查下一个条件。

(2) 检查条件 2(elif 语句)。

如果条件 2 为真，则执行语句块 2，然后跳过整个 if-elif-else 结构。

如果条件 2 为假，则继续检查下一个条件。

(3) 继续检查后续条件(可选)。

如果前面的条件都为假，则继续检查后续的 elif 条件。

如果某个 elif 条件为真，则执行相应的代码块，然后跳过整个 if-elif-else 结构。

(4) 执行最后的 else 代码块(可选)。

如果前面的所有条件都为假，则执行 else 语句后的代码块。

整个过程是顺序进行的，一旦找到为真的条件，执行相应的代码块，并跳过其余的条件。如果没有任何条件为真，则执行最后的 else 代码块(如果存在的话)，或者整个语句结束。

例 3-6 多条件选择语句举例(In[12])。

In[12]:
```
score = int(input('请输入你的分数:'))
if score < 60:
    print('成绩不及格')
elif 60 <= score < 70:
    print('成绩及格')
elif 70 <= score < 80:
    print('成绩中等')
elif 80 <= score < 90:
    print('成绩良好')
elif(90 <= score <= 100):
```

```
    print('成绩优秀')
else:
    print('输入有误')
```

运行程序后,提示输入成绩。

请输入你的分数:80

再次运行程序,输出结果如下。

成绩良好

3.3 循环语句

循环语句的作用是多次执行同一段程序。

例 3-7 循环语句举例(In[13]~In[15])。

In[13]:
```
fruits = ['banana','apple','mangguo']
for fruit in fruits:
    print(fruit)
```

程序运行结果如下。

banana
apple
mangguo

In[14]:
```
for i in range(1,10,2):
    print(i)
```

以上程序的执行流程如下。

(1) 给 i 赋初值 1。
(2) 判断 i<10 是否成立,如果成立则执行循环体,转(3)。如果不成立,则退出循环,转(4)。
(3) 执行 i=i+2(其中 2 为步长),判断 i<10 是否成立,如果成立,则执行循环体后转(3)继续执行。如果不成立,则退出循环,转(4)。
(4) 执行后续语句。

程序运行结果如下。

1
3
5
7
9

In[15]:
```
totle = 0
for i in range(1,101):
    totle = totle + i
print(totle)
```

程序运行结果如下。

5050

以上程序的功能是使用 for 循环求解 1~100 之和。

例 3-8　循环遍历字典举例(In[16])。

In[16]:
```
d = {'name':'Divid','age':65,'gender':'male','department':'math'}
for key in d:
    print(key,':',d[key])
```

程序运行结果如下。

name : Divid
age : 65
gender : male
department : math

以上程序的功能是遍历字典后输出字典的键值对。

3.4　while 语句

while 语句的作用是当条件成立,则执行循环体,否则退出循环体继续执行循环体后的语句。

例 3-9　while 语句举例(In[17])。

In[17]:
```
totle = 0
x = 1
while x < 101:
    totle + = x
    x + = 1
print(totle)
```

以上程序使用 while 语句实现整数 1~100 的求和运算,程序运行结果如下。

5050

3.5　break 语句

break 语句的作用是跳出 break 语句所在位置的最内层循环。

例 3-10　break 语句举例(In[18])。

In[18]:
```
s = 0
for i in range(1,101):
    s + = i
    if i > = 10:
        break
print(s)
```

在上述程序段中,当 i>=10 时,就退出 for 循环,整个程序实现 1~10 的相加。
程序运行结果如下。

55

3.6　pass 语句

pass 语句的作用是跳过该语句块,而这个语句块是应该有语句的,可能在编写程序时起到预留位置的作用。

例 3-11　pass 语句举例(In[19])。

```
In[19]:
  count = 0
  while count < 10:
    count = count + 1
    if count % 3 == 0:
      pass
    else:
      print(count)
```

程序运行结果如下。

1
2
4
5
7
8
10

3.7　continue 语句

continue 语句的作用是跳过和 continue 同一级别的后续语句。

例 3-12　continue 语句举例(In[20])。

```
In[20]:
  count = 0
  while count < 10:
    count = count + 1
    if count % 3 == 0:
      continue
      print(count)
    else:
      print(count)
```

程序运行结果如下。

1
2
4

5
7
8
10

在上述程序段中,一旦 count 能被 3 整除,则执行 continue 语句并跳过其后的 print(count)语句;否则,执行 else 语句后面的 print(count)语句,输出 11 之内不能被 3 整除的整数。

3.8 二元运算符和比较运算符

二元运算符用于进行算术运算,比较运算符用于判断两个 Python 对象的大小。Python 中常用的二元运算符和比较运算符如表 3-2 所示。

表 3-2　Python 中常用的二元运算符和比较运算符

二元操作符	描述
a+b	a 与 b 之和
a-b	a 与 b 之差
a*b	a 与 b 之积
a/b	a 除以 b
a//b	a 整除 b
a&b	a 与 b 按位相与
a|b	a 与 b 按位相或
a^b	a 与 b 按位相异或
a==b	a 与 b 相等则返回 True,否则返回 False
a!=b	a 与 b 相等则返回 False,否则返回 True
a<=b,a<b	a 小于或等于 b,a 小于 b
a>=b,a>b	a 大于或等于 b,a 大于 b
a is b	a 与 b 是同一个 Python 对象,则返回 True
a is not b	a 与 b 不是同一个 Python 对象,则返回 True

习题 3

本书提供在线测试习题,扫描下面的二维码,可以获取本章习题。

在线测试

第4章 函数

CHAPTER 4

程序设计分为面向过程的程序设计和面向对象的程序设计。其中面向过程的程序设计又称为模块化程序设计。在 Python 中,函数是实现模块化程序设计思想最重要的代码组织和复用方式,一般将多次重复使用的代码写成一个可复用的函数,以供其他程序或模块调用。函数能实现代码复用,同时隐藏了程序的具体实现细节,提高了程序的可维护性。

视频讲解

4.1 函数的创建和调用

Python 中函数的定义如下。

```
def 函数名([形式参数]):
        函数体
    [return xxx]
```

其中,函数名的命名规则和变量的命名规则一样。

函数的定义中,函数体就是函数需要实现相应功能的程序代码段。形式参数是调用函数时,用于接收传递给函数的参数列表。函数使用 return 语句返回运行结果,是一个可选项,如果没有返回值,则可以没有 return 语句。

例 4-1 定义一个函数求出两个整数的乘积和两个整数之和(In[1])。

In[1]:
```
def exp1(a,b):  # 其中 a,b 为形式参数
    x = a * b
    y = a + b
    return x,y  # 函数返回 x,y 之值
a = 2
b = 3
a,b = exp1(a,b)  # a,b 用于接收函数的返回值
print(a,b)
```

上述程序的执行过程如图 4-1 所示。

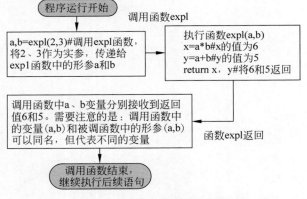

图 4-1 函数调用流程示意图

程序运行结果如下。

6 5

例 4-2 定义一个函数,求出一个列表的平均值(In[2])。

In[2]:
```
def avg(x):
    mean_x = sum(x)/len(x)
    return mean_x
# 定义列表 a
```

```
a = [23,24,13,34,56,78]
#以列表 a 作为实参,调用 avg 函数
avg(a)
Out[2]:
  38.0
```

4.2 函数的参数传递

Python 形式参数有位置参数、默认参数和关键字参数三类。

4.2.1 位置参数

在调用函数时,位置传参是实参与形参按位置的先后顺序传递参数。

例 4-3 定义一个函数,求取 beg~n 个数的和(In[3]~In[4])。

```
In[3]:
  def ssn(n,beg):
    s = 0
    for i in range(beg,n):
      s += i
    return s
```

在函数 ssn 中,将第一个实参的值赋给 n,将第二个实参的值赋给 beg,这种按参数顺序进行参数传递的方式叫位置传参。

```
In[4]:
  ssn(101,1)
Out[4]:
  5050
```

在上面的程序段中,实际参数 101 传递给形式参数 n,实际参数 1 传给 beg。程序的功能是求取 1~100 之和。

4.2.2 默认参数

默认参数就是缺省参数,当调用函数时,如果没有为某些形参传递对应的实参,则这些形参会自动使用默认参数值。

例 4-4 定义一个函数,用于求取 beg~n 个数的和(In[5]~In[7])。

```
In[5]:
  def ssn(n,beg = 1):
    s = 0
    for i in range(beg,n):
      s += i
    return s
```

在函数 ssn 中,有一个默认参数 beg,其默认值为 1,表示求和是从 1 开始的。如果在调用该函数时不给 beg 赋值,则 beg 取默认参数值 1,如果给 beg 赋具体的值,则 beg 取为该具体值。

```
In[6]:
    ssn(101)
Out[6]:
    5050
```

在上面的程序段中,实际参数 101 传递给形式参数 n,beg 取默认参数值 1,实际上为求取 1~100 之和。再次调用 ssn 函数,给 beg 一个非 1 参数,调用形式如下。

```
In[7]:
    ssn(101,2)
Out[7]:
    5049
```

在上面的程序段中,实际参数 101 传递给形式参数 n,实际参数 2 传递给 beg,程序的作用是求取 2~100 之和。

4.2.3 关键字参数

除上述按参数位置的顺序进行参数传递外,还可以按体现实参和形参的位置进行参数传递,称为关键字传参,其传递的形式为"形参=实参"。

例 4-5 编写一个函数,求三个整数的平方(In[8]~In[9])。

```
In[8]:
    def func3(b,c,a):
        return(a**2,b**2,c**2)
In[9]:
    #调用函数 func3,传入参数 3,2,1
    func3(c=3,a=2,b=1)
```

程序运行结果如下。

```
Out[9]:
    (4,1,9)
```

在上面的程序段中,实际参数 3、2、1 按位置分别传递给 c、a、b,函数依次返回 a、b、c 的平方,这种参数传递方式称为位置参数传参。

4.2.4 变量的作用域

变量的作用域即变量的作用范围。根据变量的作用域不同,变量可分为全局变量和局部变量。其中全局变量的作用域为定义该变量到文件或者模块结束为止。局部变量主要是语句块中的变量或者函数的形参。

例 4-6 变量的作用域举例(In[10]~In[13])。

```
In[10]:
    # a 为全局变量
    a = 10
    def fun():
    #b 为局部变量
        b = 20
        print(a)
        def inner_fun():
```

```
    # c 为局部变量
        c = 30
    # 可以访问全局变量
        print(a)
    # b 为 inner_fun()外的局部变量
        print(b)
        print(c)
      inner_fun()
    fun()
```

程序运行结果如下。

```
10
10
20
30
```

In[11]:
```
    # a 为全局变量
    a = 10
    def fun():
    #a 为局部变量,在 fun()函数中覆盖了全局变量 a 的值
        a = 20
        print(a)
    # 全局变量 a 的值为 10
    print(a)
    fun()
```

程序运行结果如下。

```
10
20
```

如果想让 fun()函数中的 a 值为全局变量,则应使用 global 进行定义。

In[12]:
```
    # a 为全局变量
    a = 10
    def fun():
        global a
    # 此处修改了全局变量 a 的值为 20
        a = 20
        print(a)
    fun()
    # 全局变量 a 的值已经变为 20
    print(a)
```

程序运行结果如下。

```
20
20
```

函数体内定义的变量称为闭包,可以使用 nonlocal 引用闭包外的变量。

In[13]:
```
    def fun():
    # b 为局部变量
      b = 20
```

```
        def inner_fun():
        #引用了函数之外离得最近的局部变量 b
            nonlocal b
            b = 30
        inner_fun()
        print(b)
    fun()
```

程序运行结果如下。

30

4.3 匿名函数

匿名函数就是没有名字的函数,主要应用于需要一个函数,但又是比较简单的函数的场景中。匿名函数代码简洁,仅用一条语句就可以实现,能够减少程序的编写量,常和 reduce、filter 等函数结合使用。匿名函数的定义为:

lambda [形参列表]:函数体

匿名函数的形参列表可选,如果参数多于一个,则参数之间用逗号隔开。匿名函数必须有函数体,默认返回值为函数体的运算结果。以下两个函数是等价的。

例 4-7 匿名函数举例(In[14])。

```
In[14]:
    def area(x,y):
        return x + y
    print(area(4,5))
    area1 = lambda x,y:x + y
    print(area1(4,5))
```

程序运行结果如下。

9
9

4.4 几个常用的函数

4.4.1 map 函数

map 函数用于遍历序列,即对序列的每个元素进行遍历,生成一个新的序列。

例 4-8 map 函数举例(In[15])。

以下程序段使用 map 函数遍历列表,实现求取列表各元素平方的目的。

```
In[15]:
    list1 = [10,20,15]
    new_list = list(map(lambda x:x * * 2,list1))
    print(new_list)
```

程序运行结果如下。

[100,400,225]

例 4-9 使用 map 函数实现两个列表的元素相乘(In[16])。

In[16]:
```
list1 = [1,2,3,4]
list2 = [5,6,7,8]
list3 = list(map(lambda x,y:x * y,list1,list2))
print(list3)
```

程序运行结果如下。

[5,12,21,32]

4.4.2 reduce 函数

例 4-10 定义一个两个数相加的函数 add,实现两个整数的相加并返回两数之和(In[17])。

In[17]:
```
from functools import reduce
def add(x,y):
    return x + y
sum1 = reduce(add,[1,2,3,4,5])
sum2 = reduce(lambda x,y:x + y,[1,2,3,4,5])
print(sum1)
print(sum2)
```

程序运行结果如下。

15
15

在上述程序段中,reduce 函数的作用是:先将列表中的两个参数 1、2 传递给 x、y,然后计算 x、y 之和,作为下一次调用 add 函数的 x,再将第三个参数 3 作为 y,再次调用 add 函数,实现 1、2、3 三个整数求和的目的,重复以上步骤,最终实现 1~5 五个数字的求和。在计算 sum2 时使用了匿名函数 lambda,计算过程和 sum1 的计算过程一致。

4.4.3 filter 函数

filter 函数接收一个函数 f 和一个 list,其中函数 f 的作用是对每个元素进行判断,返回 True 或 False,filter 根据判断结果自动过滤掉不符合条件的元素,返回由符合条件元素组成的新 list。

例 4-11 filter 函数举例(In[18])。

In[18]:
```
print(list(filter(lambda x:x % 2 = = 0,range(21))))
```

程序的作用是在屏幕上打印输出 0~21 的整数,程序运行结果如下。

[0,2,4,6,8,10,12,14,16,18,20]

4.4.4　isinstance 函数

isinstance 函数用来判断一个变量是否是一个已知的类型，其作用类似于 type 函数。

例 4-12　isinstance 函数的使用举例（In[19]～In[21]）。

In[19]:
```
def int_num(x):
    if isinstance(x,int):
        return True
    else:
        return False
```

编写程序测试该函数：

In[20]:
```
items = [1,2,3,4,'3234','one','-34.56',45.8,-7]
print(list(filter(int_num,items)))
```

程序运行结果如下。

[1, 2, 3, 4, -7]

上述程序段的功能也可以由以下程序段实现。

In[21]:
```
items = [1,2,3,4,'3234','one','-34.56',45.8,-7]
list(filter(lambda x:True if isinstance(x,int) else False,items))
```
Out[21]:
[1, 2, 3, 4, -7]

4.5　关键字 yield

yield 关键字的作用是将函数执行的中间结果返回但并不结束程序。例如，将 100 以内能被 3 和 5 整除的数输出，可以采用以下程序实现。

例 4-13　yield 关键字的使用（In[22]）。

In[22]:
```
def func1(n):
    for i in range(n):
        if i%3 == 0:
            if i%5 == 0:
                yield i
for a in func1(100):
    print(a)
```

程序运行结果如下。

```
0
15
30
45
60
75
90
```

4.6 Python 函数的参数传递机制

在 Python 中，strings、tuples 和 numbers 是不可修改的对象，而 list、dict 等则是可以修改的对象。如将不可变对象作为实参传递给形参，传递参数是单向地将实参的值传递给形参，形参和实参占用不同的存储空间。如将可变对象作为实参传递给形参，实际上不仅把实参的值传递给形参，而且形参和实参占用相同的内存空间，参数传递后，若实参的值或者形参的值改变，对应的形参的值或者实参的值也相应改变，相当于赋值。

例 4-14 可变对象作为实参(In[23]~In[24])。

In[23]:
```
def changeme( mylist ):
    mylist.append([1,2,3,4])
    print("形式参数值: ", mylist)
```

编写程序测试该函数：

In[24]:
```
mylist1 = [10,20,30]
changeme(mylist1)
print("实际参数值: ", mylist1)
```

程序运行结果如下。

形式参数值：[10, 20, 30, [1, 2, 3, 4]]
实际参数值：[10, 20, 30, [1, 2, 3, 4]]

上述程序段中，实参和形参占用同一个存储空间，形参和实参的值同步改变。

例 4-15 不可变对象作为实参(In[25])。

In[25]:
```
def changeme( mylist ):
    print("形式参数值(修改前): ", mylist)
    mylist = 20
    print("形式参数值(修改后): ", mylist)
mylist1 = 10
changeme( mylist1 )
print("实际参数值: ", mylist1)
```

程序运行结果如下。

形式参数值(修改前)：[10,20,30,[1,2,3,4]]
形式参数值(修改后)：20
实际参数值：[10,20,30,[1,2,3,4]]

上述程序段中，由于实参是不可变对象，实参和形参占用不同的存储空间，函数中形参的值改变了，但实参的值没有改变，说明实参和形参不同步改变。

4.7 Python 不定长参数

有时需要一个函数能处理比当初声明时更多的参数，这种参数称为不定长参数。该参数的基本语法如下。

```
def functionname([formal_args,] *var_args_tuple):
    "函数_文档字符串"
    function_suite
    return [expression]
```

加了*的参数会以元组(tuple)的形式导入,存放所有未命名的变量参数。

例 4-16 不定长参数举例 1(In[26])。

In[26]:
```
def printinfo( arg1, *vartuple ):
    print(arg1)
    print(vartuple)
printinfo( 80, 70, 60, 50 )
```

程序运行结果如下。

```
80
(70,60,50)
```

如果在函数调用时没有指定参数,则它就是一个空元组。这里也可以不向函数传递未命名的变量。

例 4-17 不定长参数举例 2(In[27])。

In[27]:
```
def printinfo( arg1, *vartuple ):
    print(arg1)
    for var in vartuple:
        print(var)
printinfo( 80, 70, 60 )
```

程序运行结果如下。

```
80
70
60
```

可变参数加了**的参数会以字典的形式导入。

例 4-18 不定长参数举例 3(In[28])。

In[28]:
```
def printinfo( arg1, **vardict ):
    print(arg1)
    print(vardict)
printinfo(1, a=2, b=3)
```

程序运行结果如下。

```
1
{'a': 2, 'b': 3}
```

习题 4

本书提供在线测试习题,扫描下面的二维码,可以获取本章习题。

在线测试

第5章 面向对象程序设计

CHAPTER 5

程序设计语言分为面向过程的程序设计语言和面向对象的程序设计语言。Python 既支持面向过程的程序设计,又支持面向对象的程序设计。

5.1 类与对象

"物以类聚,人以群分",类是一组具有相同属性的事物的集合,如人类、鸟类、鱼类等。对象是类的具体事例。类是抽象的,而对象是具体的,如鲤鱼是鱼类的一个具体对象。类的本质是一组数据及其在这一组数据上的操作的集合。

5.1.1 类的定义

在 Python 中,类的定义如下。

class 类名:
    pass

其中,类名的命名符合变量的命名规则,不能是关键字,只能由字母、数字和下画线组成,且首字符只能是字母或下画线。

例 5-1 定义一个名称为 point 的类,用于表示二维坐标系下的点。point 类有横坐标和纵坐标两个属性,以及一个表示原点到 point 的距离的方法(In[1])。

```
In[1]:
    class point:
    #属性和方法
        def __init__(self,x1,y1):
            self.x = x1
            self.y = y1
        def distance_zero(self):
            z = (self.x * * 2 + self.y * * 2) * * 0.5
            return z
    point1 = point(4,5)
    print(point1.x,point1.y)
    print(point1.distance_zero())
    print(point.distance_zero(point1))
```

在 point 类中,__init__是一种特殊的方法,在创建类的对象实例时由系统自动运行,不需要显式调用,类似于 C++ 语言中的构造函数。point 类的 __init__ 方法有三个参数,其中 self 必不可少,且位于其他参数的前面,表示一个指向实例对象本身的引用,有了 self 后就可以让实例访问类中的属性和方法。self.x,self.y 表示类的属性:self 对象的 x 和 y 坐标。方法 distance_zero 用于计算 point 到原点的距离,该方法仅需要一个参数 self。

程序运行结果如下。

```
4 5
6.4031242374328485
6.4031242374328485
```

5.1.2 对象的创建

类是抽象的,而对象是具体的,类似 int32、float64 对于变量类型的规定,而对象则类似 10、10.5 等具体数字。下面将创建 point 类的一个对象并调用其方法。

例 5-2 对象的创建举例(In[2])。

```
In[2]:
   point1 = point(5,10)
   print(point1.x, point1.y)
   #使用对象调用类方法
   point1.distance_zero()
   #使用类调用类方法
   point.distance_zero(point1)
```

在上述定义类 point 的对象 point1 时,有两个参数(5,10)传递给了自动执行的 __init__ 方法,用于创建对象 point1。在创建 point1 对象后,通过对象名.属性就可以直接访问它的属性 x 和 y。有两种调用类的方法,一种是通过对象.方法名(),另一种是使用类名.方法名(对象名),后者需以 self 作为参数。

程序运行结果如下。

5,10

```
Out[2]:
   11.180339887498949
```

5.2 类的封装

面向对象程序有三大思想,即封装、继承和多态。其中封装是将类的属性和方法包装在类中,在类的外部只能按一定的规则访问类属性和方法而不能随意访问,这样就能达到保护类属性和方法的目的。同时通过封装技术,用户不必关心类的内部实现细节,只需要了解调用类方法需要的参数,以及返回的参数,从而提高代码的安全性。

例 5-3 定义一个 circle,用于求出 circle 的周长和面积(In[3]~In[4])。

```
In[3]:
   import math
   class circle:
      def __init__(self,radius):
         self.radius = radius
      def area(self):
         return math.pi * self.radius ** 2
      def perimeter(self):
         return 2 * math.pi * self.radius
```

在上述 circle 类的定义中,需要引入 math 包,才能使用圆周率 math.pi。以下我们定义一个 circle 类的对象 circle1,用于计算圆的周长和面积。

```
In[4]:
   circle1 = circle(10)
   print('圆的面积为:%.2f'% circle1.area())
   print('圆的周长为:%.2f'% circle1.perimeter())
```

程序运行结果如下。

圆的面积为:314.16
圆的周长为:62.83

在默认情况下，Python 的属性和方法都是 public（公开）的，并没有像其他程序设计语言具有的 protected（保护）、private（私有）类型的属性和方法。Python 类中若要定义 private 类型的属性和方法，可以在属性或者方法前面加上两条下画线"__"，则属性和方法定义为私有属性和方法。私有属性和方法只能通过公有方法来进行访问，不能通过类的对象直接访问，起到保护属性和方法的作用。另外，Python 类中若要定义 protected 类型的属性和方法，可以在变量或者方法前面加上一个下画线"_"，Python 允许类的对象直接访问 protected 变量和方法。

例 5-4 类的保护变量和私有变量举例（In[5]～In[11]）。

In[5]:
```
class one:
    _x = 20
    __y = 30
    def __init__(self,z):
        self.z = z
    def second():
        print(one._x,one.__y)
    def first(self):
        print('可以通过公有方法访问保护变量 % s' % self._x)
        print('可以通过公有方法访问私有变量 % s' % self.__y)
        print('可以通过公有方法访问公有变量：% d' % self.z)
```

接着定义类 one 的一个对象 one1。

In[6]:
```
one1 = one(5)
```

可以通过类名直接访问类的保护变量和保护方法。也可以通过对象名直接访问类的保护变量和保护方法。例如，输入以下程序段：

In[7]:
```
print(one1._x)
print(one._x)
```

程序运行结果如下。

20
20

以下程序段通过对象访问类的保护变量。

In[8]:
```
print(one1.__y)
```

程序输出报错信息如下。

AttributeError:'one' object has no attribute '__y'

因此不能通过对象名访问类的保护变量，同样也不能通过类名访问类的保护变量。

In[9]:
```
print(one.__y)
```

程序输出报错信息如下。

AttributeError:type object 'one' has no attribute '__y'

但可以通过类的公有方法访问类的公有属性、私有属性和保护属性，以及保护变量和公有变量。例如，在上述程序的基础上加入以下程序，即可使用对象的公有方法访问保护变量、私有变量和公有变量。

In[10]:
```
one1.first()
```

程序运行结果如下。

可以通过公有方法访问保护变量:20
可以通过公有方法访问私有变量:30
可以通过公有方法访问公有变量:5

Python 类中的变量访问机制体现了类的封装性，让类和对象能有序访问私有变量、保护变量、公有变量。

可以通过类的公有方法访问类的私有变量和保护变量。

In[11]:
```
one.second()
```

程序运行结果如下。

20 30

5.3 类的继承

类的继承可以提高代码的复用性，降低程序设计的复杂度，是面向对象程序设计中最重要的机制之一。Python 类的继承机制与其他高级程序设计语言的继承机制基本相同。我们首先定义一个 bus 类，包括生产厂家、型号、生产日期和行驶里程 4 个属性，其中行驶里程的默认值为 0。定义了 4 个修改属性的方法和 1 个所有属性的方法 print_all。

例 5-5 Python 类的继承(In[12]～In[18])。

In[12]:
```
class bus:
    #给属性赋默认值
    mileage = 0
    def __init__(self,maker,model,year):
        self.maker = maker
        self.model = model
        self.year = year
    def modify_model(self,a):
        self.model = a
    def modify_maker(self,b):
        self.maker = b
    def modify_year(self,c):
        self.year = c
    def modify_mileage(self,d):
        self.mileage = d
    def print_all(self):
        print("生产厂家:%s,型号:%s,出厂年份:%d,行驶里程:%d"%(self.maker,self.model,self.year,self.mileage))
```

现在定义一个 bus 类的对象 bus1,验证所定义类的功能。

In[13]:
```
bus1 = bus('比亚迪','c6',2020)
```

通过对象和类名可以直接访问类的默认变量,示例程序如下。

In[14]:
```
print(bus1.mileage)
print(bus.mileage)
```

程序运行结果如下。

```
0
0
```

通过对象可以修改其默认参数,但类的默认参数不变,示例程序如下。

In[15]:
```
#修改了对象的默认参数
bus1.mileage = 1000
print(bus1.mileage)
print(bus.mileage)
```

程序运行结果如下。

```
1000
0
```

上述运行结果表明对象的默认参数修改了,而类的默认参数没有改变。

通过对象可以调用类的公有函数,示例程序如下。

In[16]:
```
bus1.print_all()
```

程序运行结果如下。

生产厂家:比亚迪,型号:c6,出厂年份:2020,行驶里程:0

在上述程序段的基础上,继续修改程序,首先将 bus1 中的 model 属性由"c6"改为"c9",并输出所有属性。

In[17]:
```
bus1.modify_model('c9')
bus1.print_all()
```

程序运行结果如下。

生产厂家:比亚迪,型号:c9,出厂年份:2020,行驶里程为:1000

通过类的公有方法可以修改行驶里程参数,如将 bus1 中的 mileage 属性由 0 修改为 10000,再输出所有属性。该方法的示例程序如下。

In[18]:
```
bus1.modify_mileage(10000)
bus1.print_all()
```

程序运行结果如下。

生产厂家:比亚迪,型号:c9,出厂年份:2020,行驶里程为:10000

在 bus 类的基础上,定义一个电动汽车类 electric_bus,增加一个属性 volume,用于表示电动汽车配置的动力电池容量。

例 5-6 Python 类的继承(In[19])。

```python
In[19]:
    class electric_bus(bus):
        def __init__(self,maker,model,year,volume):
            super().__init__(maker,model,year)
            self.volume = volume
        def print_volume(self):
            print("电池容量:",self.volume)
        def modify_volume(self,a):
            self.volume = a
    #生成 elcetric_bus1 对象
    electric_bus1 = electric_bus('比亚迪','c10',2019,'250kWh')
    #修改 elcetric_bus1 的 volume 属性
    electric_bus1.modify_volume("350kWh")
    #调用父类的 modify_mileage 方法修改 mileage 属性
    electric_bus1.modify_mileage(10000)
    #调用父类的 print_all 方法输出相关属性
    electric_bus1.print_all()
    #调用子类的 print_volume 方法输出 volume 属性
    electric_bus1.print_volume()
```

上述程序段定义一个 electric_bus 类,继承了 bus 类,此时需在类名定义时把所继承的类放在新类名后面,并用圆括号括起来。electric_bus 类的 __init__ 函数重载了父类的 __init__ 方法,在 __init__ 方法中,先调用父类 bus 的 __init__ 方法,并把参数传给父类,注意这里不需要再传参数 self,最后给子类 electric_bus 特有的 volume 属性赋值,从而完成对象的初始化工作。通过类的继承机制,electric_bus 继承 bus 的所有属性和方法,减少了 electric_bus 类的设计工作量。

在 eletric_bus 类的定义中,增加了父类中没有的修改 volume 属性的方法 modify_volume 和打印输出 volume 属性的方法 print_volume。

程序运行结果如下。

生产厂家:比亚迪,型号:c10,出厂年份:2019,行驶里程:10000
电池容量:350kWh

5.4 类的多态

类的多态是指类的方法具有同种形态,即使不知道一个对象属于哪个类,仍然可以通过这个对象调用一个方法,所执行的方法会在程序运行过程中根据所引用对象的类型,决定所调用的方法。例如,定义一个 person,具有 name、age 和 sex 三个属性,还有 print_info 和 fun 两个方法;接着定义一个 student 类和 teacher 类,两个类都继承 person 类。三个类都有一个 fun 函数,其中子类 student 和 teacher 重载了父类的同名方法,具体程序段如例 5-7 所示。

例 5-7 Python 类的多态举例(In[20]~In[22])。

```
In[20]:
  class person():
    def __init__(self,name,age,sex):
      self.name = name
      self.age = age
      self.sex = sex
    def print_info(self):
      print(f'姓名:{self.name},年龄:{self.age},性别:{self.sex}')
    def fun():
      print('我是一个人!')
  class student(person):
    def __init__(self,name,age,sex,stu_no):
      super().__init__(name,age,sex)
      self.stu_no = stu_no
    def fun():
      print('我是一个学生!')
    def print_info(self):
      print(f'姓名:{self.name},年龄:{self.age},性别:{self.sex},学号:{self.stu_no}')
  class teacher(person):
    def __init__(self,name,age,sex,tech_no):
      super().__init__(name,age,sex)
      self.tech_no = tech_no
    def print_info(self):
      print(f'姓名:{self.name},年龄:{self.age},性别:{self.sex},工号:{self.tech_no}')
    def fun():
      print('我是一个老师!')
```

这里定义一个方法 fun_all(obj),用于调用类中的方法 fun(),示例程序如下。

```
In[21]:
  def fun_all(obj):
    obj.fun()
```

最后让 obj 分别取 person、student、teacher,示例程序如下。

```
In[22]:
  fun_all(person)
  fun_all(student)
  fun_all(teacher)
```

程序运行结果如下。

```
我是一个人!
我是一个学生!
我是一个老师!
```

5.5 object 类

Python 中 objcet 类是所有类的祖先,任何类如果没有指定父类,都将默认为 objcet 类的子类,因此 Python 定义的所有类都有 object 类的属性。可以通过内置函数 dir 来查看对象的属性。以下首先定义一个 point 类。

例 5-8 object 类举例(In[23])。

```
In[23]:
  class point(object):
    def __init__(self,x,y):
        self.x = x
        self.y = y
    def print_all(self):
        print(f'点的 x 坐标为:{self.x},点的 y 坐标为:{self.y}')
  point1 = point(5,10)
```

在上述程序中,首先定义一个 point 类,其父类为 object,具有两个属性 x、y 及一个方法 print_all,接着定义一个 point 类的对象 point1。在 point1 对象的属性中,除了比较熟悉的 __init__ 方法用于初始化对象外,下面再介绍几个重要的属性和方法。

1. __str__ 方法

__str__ 方法用于返回对对象的描述,可以用 print(__str__())输出对象的信息。

例 5-9 Python 类的__str__方法举例(In[24])。

```
In[24]:
  print(point1.__str__())
```

程序运行结果如下。

<__main__.point object at 0x00000000049C4910>

程序输出的是 point1 在内存中的地址。

现在重写 point 类的__str__方法,并重写生成 point1 对象。

例 5-10 Python 类方法__str__重载举例(In[25]~In[39])。

```
In[25]:
  class point(object):
    def __init__(self,x,y):
        self.x = x
        self.y = y
    def __str__(self):
        return f"点的 x 坐标为:{self.x},点的 y 坐标为:{self.y}"
    def print_all(self):
        print(f'点的 x 坐标为:{self.x},点的 y 坐标为:{self.y}')
  point1 = point(5,10)
  point1.__str__()
```

程序运行结果如下。

'点的 x 坐标为:5,点的 y 坐标为:10'

由此可以看出,重写 point 类的__str__方法后不再输出对象的内存地址,而是通过运行重载后的__str__方法,得到最终的输出结果。

2. __dict__ 方法

当__dict__方法作用于类时,用于返回类的方法的字典;当__dict__方法作用于对象时,用于返回对象属性的字典。在上述程序的基础上,加入以下程序段:

In[26]:
　print(point.__dict__)
　print(point1.__dict__)

程序运行结果如下。

{'__module__': '__main__', '__init__': < function point.__init__ at 0x0000000004A0F9D0 >, 'distance_zero':< function point.distance_zero at 0x0000000004A0FB80 >, '__dict__': < attribute '__dict__' of 'point' objects >, '__weakref__': < attribute '__weakref__' of 'point' objects >, '__doc__': None}
{'x': 5, 'y': 10}。

3. __class__方法

__class__方法用于返回对象所属的类。在上述程序的基础上，加入以下程序段：

In[27]:
　print(point1.__class__)

程序运行结果如下。

< class '__main__.point'>

运行结果表明 point1 属于 point 类。

4. __bases__方法

__bases__方法用于从下到上返回类的所有父类，在上述程序的基础上，加入以下程序段：

In[28]:
　print(point.__bases__)

程序运行结果如下。

(< class 'object'>,)

运行结果表明 point1 仅属于 object 类。

5. __base__方法

__bases__方法用于返回类的直接父类，在上述程序的基础上，加入以下程序段：

In[29]:
　print(point.__base__)

程序运行结果如下。

(< class 'object'>)

运行结果表明 point1 的直接父类为 object。

涉及类的继承关系的还有__mro__和__subclass__方法，其中__mro__方法属性用于返回类的层次关系，__subclass__方法用于返回子类信息。

6. __new__方法

__new__方法和__init__方法都是类中的内建方法，这两个方法在实例化对象时会被自动调用。其中__new__方法的调用在__init__方法之前，__new__方法中有一个参数必须是

cls，__init__方法中有一个参数必须是 self。__new__方法的作用有两个：①为实例化对象分配一个空间；②返回这个对象的引用并传递给__init__方法的 self 参数。__init__方法的作用是对这个实例化对象再次加工。

例 5-11　Python 类方法__new__重载举例(In[30]~In[31])。

In[30]:
```
class car(object):
    def __new__(cls, * args, * * kwargs):
        print("创建一个车对象,并给该对象分配空间")
        instance = super().__new__(cls)
        return instance
    def __init__(self,name):
        self.name = name
        print(f"给对象{self.name}一个具体值")
```

接着定义 car 类的一个对象 car1。

In[31]:
```
car1 = car('一汽奥迪')
```

程序运行结果如下。

创建一个车对象,并给该对象分配空间
给对象一汽奥迪一个具体值

7. __add__方法

如果要让两个对象相加,则必须重载__add__方法。下述程序定义一个 car 对象,然后重载__add__方法用于实现两个对象相加。

例 5-12　Python 类方法__add__重载举例(In[32])。

In[32]:
```
class car:
    def __init__(self,model):
        self.model = model
    def __add__(self,self1):
        return self.model + self1.model
car1 = car('一汽')
car2 = car('长安')
car3 = car1 + car2
print(car3)
```

程序运行结果如下。

一汽长安

8. __len__方法

__len__方法一般用于计算列表的长度,如果要用于计算对象的长度,则必须重载__len__方法。以下将对上述程序进行修改,用__len__函数实现对对象长度的计算。

例 5-13　Python 类方法__len__重载举例(In[33])。

In[33]:
```
class car:
```

```
        def __init__(self,model):
            self.model = model
        def __add__(self,self1):
            return self.model + self1.model
        def __len__(self):
            return len(self.model)
    car1 = car('一汽')
    car2 = car('长安')
    car3 = car1 + car2
    print(car3)
    print(car3.__len__())
```

程序运行结果如下。

```
一汽长安
4
```

5.6　导入和使用模块

5.6.1　自定义模块的定义

在类生成后,就可以使用类所提供的方法了。下面的程序定义一个 bus 类和其子类 electric_bus。

例 5-14　Python 自定义模块举例(In[34]～In[39])。

```
In[34]:
  class bus:
      mileage = 0
      def __init__(self,maker,model,year):
          self.maker = maker
          self.model = model
          self.year = year
      def modify(self,a,b,c,d):
          self.maker = a
          self.model = b
          self.year = c
          self.mileage = d
      def print_mileage(self):
          print('%d' % self.mileage)
      def print_all(self):
          print("%s,%s,%d,%d" % (self.maker,self.model,self.year,self.mileage))
  class electric_bus(bus):
      def __init__(self,maker,model,year,volume):
          super().__init__(maker,model,year)
          self.volume = volume
      def modify(self,a,b,c,d,e):
          self.maker = a
          self.model = b
          self.year = c
          self.mileage = d
          self.volume = e
```

```
    def print_mileage(self):
        print('%d' % self.mileage)
    def print_all(self):
        print(("%s,%s,%d,%d,%s")%(self.maker,self.model,self.year,self.mileage,self.volume))
```

将以上程序以 txt 格式保存到 C:\anaconda3\Lib(此处假设 anaconda3 安装在 C 盘下),并将文件格式改为 Bus.py。这里要说明的是,最好能够先将以上代码复制至 Jupyter Notebook 调试正常后再复制至.txt 文件中,否则如果没有经过调试的程序有错误,则封装成的模块在导入使用时会报错。

1. 从模块中导入类

在 Jupyter 中导入 bus 类,并定义 bus 的一个 bus1 对象,通过 bus1 对象调用 print_all 方法,示例程序如下。

In[35]:
```
from Bus import bus
bus1 = bus('金龙','XMQ6129',2021)
bus1.print_all()
```

程序运行结果如下。

金龙,XMQ6129,2021,0

2. 从模块中导入多个类

In[36]:
```
from Bus import bus,electric_bus
electric_bus1 = electric_bus('比亚迪','c6',2019,'300kWh')
electric_bus1.print_all()
```

程序运行结果如下。

比亚迪,c6,2019,0,300kWh

3. 导入整个模块

In[37]:
```
#仅导入整个模块,不显式导入 bus,electric_bus 类
import Bus
electric_bus1 = Bus.electric_bus('比亚迪','c6',2019,'300kWh') #前面加模块名 Bus
electric_bus1.print_all()
```

程序运行结果如下。

比亚迪,c6,2019,0,300kWh

4. 从模块中导入所有类

In[38]:
```
from Bus import *
electric_bus1 = electric_bus('比亚迪','c6',2019,'300kWh')
electric_bus1.print_all()
```

程序运行结果如下。

比亚迪,c6,2019,0,300kWh

5. 使用类的别名

In[39]:
```
from Bus import electric_bus as e_b
electric_bus1 = e_b('比亚迪','c6',2019,'300kWh')
electric_bus1.print_all()
```

程序运行结果如下。

比亚迪,c6,2019,0,300kWh

5.6.2 导入第三方模块

1. 第三方模块的安装

Python 自带了很多第三方库可供使用,这些模块需要安装才能进行使用。第三方模块的安装指令如下。

pip intall 模块名

2. 第三方模块的使用

第三方模块的使用指令如下。

import 模块名

5.6.3 以主程序的方式运行

在模块的定义中都会自动定义一个模块名称的变量__name__,如果这个模块是主模块,则 Python 的解释器会在最高层的__main__模块中运行该模块,即此时模块的__name__变量值为__main__。但有时此模块不是按最高层模块运行的,而是提供给其他模块使用,则该模块中不需要其他模块执行的语句可以用下列语句屏蔽:

if __name__ = '__main__'

现在建立一个 py 文件(由于 Jupyter 环境下的文件名为.ipynb,因此不能直接在 Jupyter 中建立 py 文件,可以在写字板或者记事本中写程序并命名为以.py 作为文件扩展名),实现计算二维坐标上两个点的距离。

例 5-15 以主程序的方式运行举例(In[40]~In[41])。

In[40]:
```
def distance(x1,y1,x2,y2):
    return ((x2 - x1) * * 2 + (y2 - y1) * * 2) * * 0.5
if __name__ = = '__main__':
    distrance1 = distance(2,3,4,5)
    print(distrance1)
```

程序运行结果如下。

2.8284271247461903

将这段程序命名为 dist.py 并保存到 C:\anaconda3\Lib，再将 dist.py 作为模块导入程序，例如：

In[41]:
```
from dist import *
distrance2 = distance(5,4,3,8)
print(distrance2)
```

程序运行结果如下。

4.47213595499958

可见程序不再输出 2.8284271247461903。

习题 5

本书提供在线测试习题，扫描下面的二维码，可以获取本章习题。

在线测试

第 6 章

数据可视化

CHAPTER 6

Python 提供了两种画图接口,一种是与 MATLAB 风格接近的接口;另一种是面向对象接口,该接口的功能更强大。本章案例将根据需要使用两种接口中的一种进行编写。

如果要使用 matplotlib，则应首先使用 pip 命令安装 matplotlib，具体格式如下。

pip install matplotlib

安装好 matplotlib 后，在使用时导入 matplotlib.pyplot 的方法有以下几种。
- import matplotlib.pyplot as plt
- from matplotlib import pyplot as plt
- from matplotlib.pyplot import *

6.1 绘制线图

视频讲解

1. plot 基本使用方法

plot 进行绘图的格式如下。

plot(x, y, linestyle, linewidth, color, marker, markersize, markeredgecolor, markerfacecolor, marheredgewidth, label, alpha)

其中，(x,y) 为数据的 x 和 y 坐标，linestyle 为线条样式；linewidth 为线条宽度；color 为线条颜色；marker 为参数设置点的形状；markersize 为参数设置点的大小；markeredgecolor 为参数设置点的边框色；markerfacecolor 为设置点的填充色；marheredgewidth 为参数设置点的边框宽度；label 为线条标签；alpha 为图形的透明度。

plot 线条颜色符号参数及其含义如表 6-1 所示。

表 6-1 plot 线条颜色符号参数及其含义

符 号 参 数	含　义	符 号 参 数	含　义
r	红色,red	k	黑色,black
g	绿色,green	m	洋红色,magenta
b	蓝色,blue	w	白色,white
c	青色,cyan	y	黄色,yellow

plot 线条样式符号参数及其含义如表 6-2 所示。

表 6-2 plot 线条样式符号参数及其含义

符 号 参 数	含　义	符 号 参 数	含　义
-	实线,solid line	-.	点画线,dash-dot line
--	虚线,dashed line	:	点线,dotted line

plot 数据点符号参数及其含义如表 6-3 所示。

表 6-3 plot 数据点符号参数及其含义

符 号 参 数	含　义
s	正方形,square
x	十字架,cross
*	星形,star
o	圆圈,circle

续表

符号参数	含义
.	点,point
p	五角星,pentagon
D/d	钻石/小钻石,diamond
+	加号
|	竖直线
v ∧ < >	下、上、左、右三角
h	六角形,hexagon
1234	分别为三脚架(tripod)向下、上、左、右

通常有两种调用 plot 的方法,举例说明如下。

例 6-1 plot()方法使用举例(In[1]~In[3])。

In[1]:
```
import matplotlib.pyplot as plt
# % matplotlib inline
x = [1,2,3,4,5,6]
y = [1,4,9,16,25,36]
# 黑色、星形、实线,其中颜色标记在最前
plt.plot(x,y,'r*-',label = 'y = x^2')
plt.xlabel('x',fontsize = 16,color = 'red')
plt.ylabel('y',fontsize = 16,color = 'black')
plt.legend()
plt.show()
```

程序运行后输出如图 6-1 所示的图形。

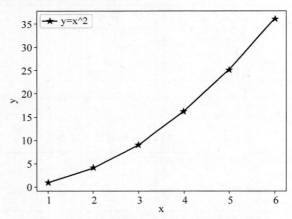

图 6-1 通过调用 plot 方法进行简单图形绘制

In[2]:
```
import matplotlib.pyplot as plt
% matplotlib inline
x = [1,2,3,4,5,6]
y = [1,2,9,16,25,36]
# 显式给出线条颜色、形状、线型等信息
plt.plot(x,y,linestyle = 'dashed',color = 'k',marker = 'o',label = 'y = x^2')
```

```
plt.xlabel('x',fontsize = 16,color = 'black')
plt.ylabel('y',fontsize = 16,color = 'black')
plt.legend()
plt.show()
```

程序运行后输出如图 6-2 所示的图形。

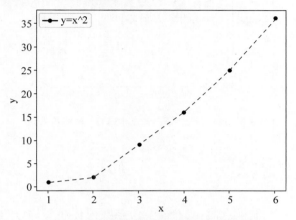

图 6-2　通过调用 plot 方法显式生成图形

2. plot 刻度、标签的使用方法

Python 的 matplotlib 库提供了 Figure, Axes, Axis, Tick 4 个对象，其中 Figure 对象的作用是确定图形大小、位置等信息；Axes 的作用是确定坐标轴位置和绘图；Axis 的作用是设置坐标轴；Tick 的作用是格式化刻度样式。

```
In[3]:
from matplotlib.pyplot import *
import numpy as np
import random
% matplotlib inline
# 使用面向对象的风格作为画图接口
fig,ax = plt.subplots()
# cumsum 的作用是将当前列之和加到当前列上
ax.plot(np.random.randn(5000).cumsum())
# 设置 x 轴的刻度
ax.set_xticks([0,1000,2000,3000,4000,5000])
# 正常显示中文标签
rcParams['font.sans-serif'] = ['SimHei']
# 正常显示负号
rcParams['axes.unicode_minus'] = False
# 显示 x 轴的刻度标签
ax.set_xticklabels(['0','1000','2000','3000','4000','5000'],fontsize = '12')
# 显示 x 轴的名称和字体大小
ax.set_xlabel('x',fontsize = '12')
# 显示 y 轴的名称和字体大小
ax.set_ylabel('y',fontsize = '12')
# axes 设置为 both,labelsize 的参数将影响 x 轴和 y 轴的字体大小
ax.tick_params(axis = 'both',labelsize = 12)
plt.show()
```

程序运行后输出如图 6-3 所示的图形。

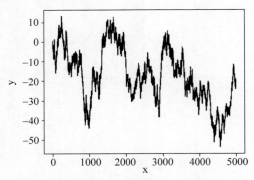

图 6-3　plot 函数标签、刻度 MATLAB 使用方法

6.2　绘制散点图

要使用 scatter 函数绘制散点图，我们需要向函数内传递 x 和 y 坐标，它将在给定的位置绘制出散点图。

例 6-2　绘制散点图举例（In[4]～In[5]）。

In[4]:
```
#使用面向对象风格作为画图接口
from matplotlib.pyplot import *
%matplotlib inline
rcParams['font.sans-serif'] = ['SimHei']
rcParams['axes.unicode_minus'] = False
fig,ax = subplots()
x = [0,1,2,3]
y = [0,1,4,9]
ax.scatter(x,y,s = 100,label = 'y = x^2')
ax.set_xlabel('x',fontsize = '12')
ax.set_ylabel('y',fontsize = '12')
ax.legend()
plt.show()
```

在上述程序段中使用了 scatter() 函数中的参数 s 设置所使用点的大小，屏幕上输出的散点图如图 6-4 所示。

上述程序也可以用以下程序段实现。

In[5]:
```
import matplotlib.pyplot as plt
%matplotlib inline
x = [0,1,2,3]
y = [0,1,4,9]
#使用 MATLAB 风格作为画图接口
plt.scatter(x,y,s = 100,label = 'y = x^2')
plt.xlabel('x',fontsize = '12')
plt.ylabel('y',fontsize = '12')
plt.legend()
plt.show()
```

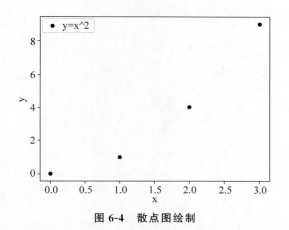

图 6-4 散点图绘制

程序运行后输出与图 6-4 相同的图形。

6.3 多个图形绘制

使用 matplotlib 库可以使多个图形显示在一个图形界面上。以下举几个例子加以说明。

例 6-3 多个图形绘制举例(In[6]~In[9])。

In[6]:
```
import matplotlib.pyplot as plt
import numpy as np
% matplotlib inline
# 创建数据
x = np.linspace(0, 2 * np.pi, 100)
y1 = np.sin(x)
y2 = np.cos(x)
y3 = np.sin(2 * x)
y4 = np.cos(2 * x)
# 创建子图
fig, axs = plt.subplots(2, 2)
mpl.rcParams['font.sans-serif'] = ['SimHei']
mpl.rcParams['axes.unicode_minus'] = False
# 在每个子图中画图
axs[0, 0].plot(x, y1)
axs[0, 0].set_title('图形 1')
axs[0, 1].plot(x, y2)
axs[0, 1].set_title('图形 2')
axs[1, 0].plot(x, y3)
axs[1, 0].set_title('图形 3')
axs[1, 1].plot(x, y4)
axs[1, 1].set_title('图形 4')
# 调整子图之间的距离
plt.tight_layout()
# 显示图形
plt.show()
```

程序运行后输出如图 6-5 所示的图形。

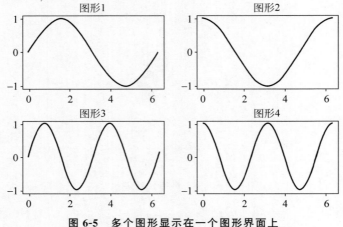

图 6-5　多个图形显示在一个图形界面上

In[7]:
```
# 使用 plt.plot()函数在一个图形上显示多个子图
import numpy as np
import matplotlib.pyplot as plt
% matplotlib inline
x = np.linspace(0,2 * np.pi,200)
y1 = np.sin(x)
y2 = np.cos(x * * 2)
plt.plot(x,y1,'r-.',label = 'sin(x)',linewidth = 2)
plt.plot(x,y2,'b--',label = 'cos(x^2)')
plt.xlabel('x')
plt.ylabel('y',rotation = 0)
legend()
plt.show()
```

程序运行后输出如图 6-6 所示的图形。

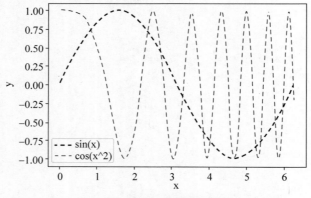

图 6-6　一个图形中绘制多个子图

In[8]:
```
# 使用 subplots 将多个图形绘制在一个图形上
import numpy as np
import matplotlib.pyplot as plt
```

```python
x = np.linspace(0,2*np.pi,200)
y1 = np.sin(x)
y2 = np.cos(x)
y3 = np.sin(2*x)
plt.subplot(2,2,1)
plt.plot(x,y1,'r',label = 'sin(x)')
plt.legend()
plt.subplot(2,2,2)
plt.plot(x,y2,'b--',label = 'cos(x)')
plt.legend()
plt.subplot(2,1,2)
plt.plot(x,y3,'k--',label = 'sin(2x)')
plt.legend()
```

程序运行后输出如图 6-7 所示的图形。

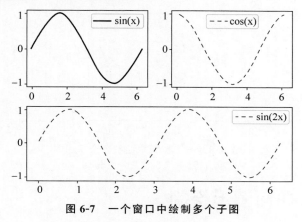

图 6-7　一个窗口中绘制多个子图

In[9]:
```python
#使用面向对象接口进行图片的合并等复杂操作
import numpy as np
from matplotlib.pyplot import *
x = np.linspace(0,2*np.pi,200)
y1 = np.sin(x)
y2 = np.cos(x)
y3 = np.sin(x^2)
y4 = x*np.sin(x)
#新建左上 1 号子窗口
ax1 = subplot(2,3,1)
#画图
ax1.plot(x,y1,'r',label = 'sin(x)')
#添加图例
legend()
#新建 2 号子窗口
ax2 = subplot(2,3,2)
ax2.plot(x,y2,'b--',label = 'cos(x)')
legend()
#3、6 号子窗口合并
ax3 = subplot(2,3,(3,6))
ax3.plot(x,y3,'k--',label = 'sin(x^2)')
legend()
#4、5 号子窗口合并
```

```
ax4 = subplot(2,3,(4,5))
ax4.plot(x,y4,'k--',label = 'xsin(x)')
legend()
plt.tight_layout()
```

程序运行后输出如图 6-8 所示的图形。

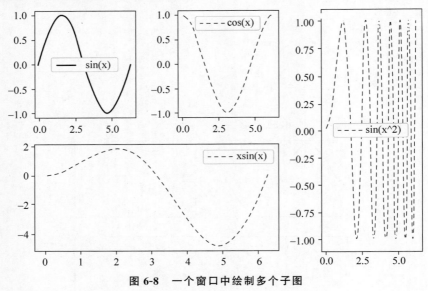

图 6-8　一个窗口中绘制多个子图

6.4　三维曲面图形绘制

例 6-4　三维曲面图形绘制举例(In[10]~In[11])。

In[10]:
```
# 画出 z = √((x² + y²)) 的三维表面图形和三维网格图形
import matplotlib.pyplot as plt
from mpl_toolkits.mplot3d import Axes3D
import numpy as np
# 创建数据
x = np.linspace(-5, 5, 100)
y = np.linspace(-5, 5, 100)
X, Y = np.meshgrid(x, y)
Z = np.sin(np.sqrt(X**2 + Y**2))
# 创建绘图对象
fig = plt.figure()
ax = fig.add_subplot(111, projection = '3d')
# 绘制曲面图
ax.plot_surface(X, Y, Z)
# 设置坐标轴标签
ax.set_xlabel('X')
ax.set_ylabel('Y')
ax.set_zlabel('Z')
# 显示图形
plt.show()
```

程序运行后输出如图 6-9 所示的图形。

In[11]:
```
# 画出 z = x²/a² + y²/b² 的三维表面图形和三维网格图形
from mpl_toolkits import mplot3d
import matplotlib.pyplot as plt
import numpy as np
x = np.linspace(-15,15,100)
y = np.linspace(-20,20,100)
X,Y = np.meshgrid(x, y)
a = 2
b = 3
Z = X**2/a**2 + Y**2/b**2
ax1 = plt.subplot(1,1,1,projection = '3d')
ax1.plot_surface(X, Y, Z,cmap = 'viridis')
ax1.set_xlabel('x',fontsize = '16')
ax1.set_ylabel('y',fontsize = '16')
ax1.set_zlabel('z',fontsize = '16')
```

程序运行后输出的三维网格图形如图 6-10 所示。

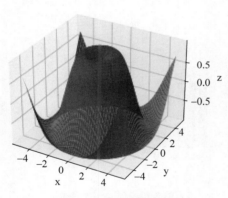

图 6-9　三维曲面图形绘制

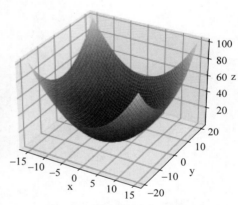

图 6-10　三维网格曲面图形绘制

6.5　绘制柱状图

柱状图提供了一种直观、简单和有效的方式来理解和解释数据,它是数据可视化中最常见和最常用的图表之一,可以帮助人们更好地发现数据的模式、趋势和关联性,从而做出更明智的决策。在 Python 中,可以使用 matplotlib 和 seaborn 绘制柱状图。

例 6-5　柱状图绘制举例(In[12])。

In[12]:
```
import matplotlib.pyplot as plt
import numpy as np
# 生成数据
x = np.arange(6)
height1 = [10, 14, 8, 12, 6, 9]
```

```
height2 = [15, 12, 10, 8, 6, 11]
# 绘图
fig, ax = plt.subplots()
# 绘制柱状图 1
ax.bar(x, height1, width = 0.4, color = 'blue', edgecolor = 'black', label = '组 1')
# 绘制柱状图 2
ax.bar(x + 0.4, height2, width = 0.4, color = 'red', edgecolor = 'black', label = '组 2')
# 设置标题和标签
ax.set_title('柱状图示例')
ax.set_xlabel('x')
ax.set_ylabel('y')
# 设置刻度标签
ax.set_xticks(x + 0.2)
ax.set_xticklabels(['A', 'B', 'C', 'D', 'E', 'F'])
# 添加图例
ax.legend()
# 显示图形
plt.show()
```

程序运行后输出的柱状图如图 6-11 所示。

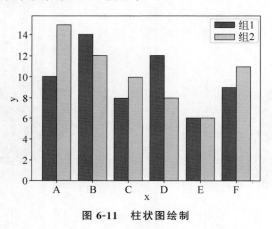

图 6-11 柱状图绘制

6.6 绘制直方图

直方图是一种功能强大的数据可视化工具，它有助于理解数据的分布和特征。它广泛应用于统计分析、数据探索、数据挖掘等领域，在数据分析和决策中起着重要的作用。

在 Python 中，plt.hist()的调用格式如下。

hist(x, bins = None, range = None, density = False, weights = None, cumulative = False, bottom = None, histtype = 'bar', align = 'mid', orientation = 'vertical', rwidth = None, log = False, color = None, label = None, stacked = False, *, data = None, **kwargs)。

该函数的参数的含义如下。

x：数据的输入，可以是一维数组、列表或 Series 对象。

bins：可选参数，用于控制直方图的箱子数量或范围。可以是整数指定的箱子数量，也可以是具体的箱子边界值。

range：可选参数，用于指定直方图的值范围。默认范围是整个数据集的最小值和最大值。

density：可选参数，如果设置为 True，则返回归一化的频率直方图，而非频数。

weights：可选参数，为每个数据点指定权重。

cumulative：可选参数，如果设置为 True，则绘制累积直方图。

histtype：可选参数，用于指定直方图的类型。默认为'bar'，表示绘制简单的条形图。

align：可选参数，用于控制箱子的对齐方式。默认为'mid'，表示箱子以区间的中点对齐。

orientation：可选参数，用于指定直方图的方向。默认为'vertical'，表示绘制垂直直方图。

rwidth：可选参数，用于设置条形的宽度。默认为 None，自适应宽度。

log：可选参数，如果设置为 True，则绘制对数刻度的直方图。

color：可选参数，用于设置直方图的颜色。

label：可选参数，用于设置直方图的标签。

stacked：可选参数，如果设置为 True，则绘制堆叠的直方图。

例 6-6 直方图图形绘制举例（In[13]～In[14]）。

In[13]：
```
# 普通直方图绘制
import matplotlib.pyplot as plt
import numpy as np
# 生成随机数据
np.random.seed(0)
data = np.random.randn(1000)
# 绘制直方图
plt.hist(data, bins = 30, color = 'red',alpha = 0.5)
# 设置标签
plt.xlabel('数值')
plt.ylabel('频数')
# 显示图形
plt.show()
```

程序运行后输出的直方图如图 6-12 所示。

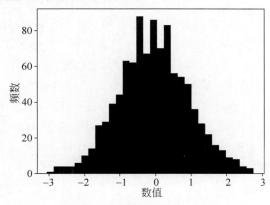

图 6-12 普通直方图绘制

In[14]:
```python
# 多组直方图绘制
import matplotlib.pyplot as plt
import numpy as np
# 生成两组随机数据
np.random.seed(0)
data1 = np.random.normal(0, 1, 1000)
data2 = np.random.normal(2, 1, 1000)
# 绘图
plt.hist([data1, data2], bins = 30, color = ['blue', 'red'], label = ['组1', '组2'], alpha = 0.8)
# 设置标签
plt.xlabel('数值')
plt.ylabel('频数')
# 添加图例
plt.legend()
# 显示图形
plt.show()
```

程序运行后输出的直方图如图 6-13 所示。

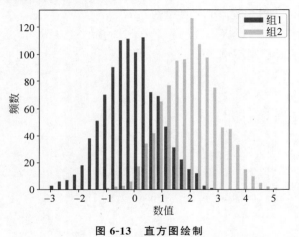

图 6-13　直方图绘制

6.7　绘制箱形图

箱形图(box-plot)又称箱线图或盒形图,是一种用作显示一组数据分散情况的统计图。箱形图是一种用于展示数据分布、异常值和统计信息的图表。上限和下限为异常值截断点。在 Q3+1.5IQR 和 Q1-1.5IQR 处画两条线段,称为内限;在 Q3+3IQR 和 Q1-3IQR 处画两条线段,称为外限。在内限和外限中,Q3 为第三四分位数;Q1 为第一四分位数;IQR 为四分位距,表示数据分布中间 50% 的范围;IQR=Q3-Q1。处于内限以外位置的点表示的数据都是异常值,其中在内限与外限之间的异常值为温和的异常值(mild outliers),用"○"标出;在外限以外的为极端的异常值(extreme outliers),用"*"标出。

例 6-7　箱形图绘制举例(In[15]～In[17])。

In[15]:
```python
# 普通箱形图绘制
import matplotlib.pyplot as plt
```

```
import numpy as np
# 生成随机数据
np.random.seed(0)
data = np.random.normal(0, 1, 100)
# 绘制箱形图
plt.boxplot(data)
# 设置标签
plt.ylabel('数值')
# 显示图形
plt.show()
```

程序运行后生成如图 6-14 所示的箱形图。

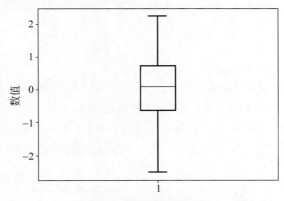

图 6-14　普通箱形图绘制

In[16]:
```
# 含异常值属性的箱形图绘制
import matplotlib.pyplot as plt
x1 = np.random.randn(1000)
fig, ax = plt.subplots()
# 设置异常值属性,点的形状、填充色和边框色
ax.boxplot(x = x1, showmeans = True, flierprops = {'marker':'o','markerfacecolor':'red','color':'black'})
plt.show()
```

上述程序段中,先用 np.random.randn() 函数创建一个符合正态分布特性的一维数据,将数据传递给 boxplot() 函数,设置异常值属性。flierprops 参数用于定义离群值标记的外观,包括圆圈的颜色、大小、形状、填充等。程序运行后输出如图 6-15 所示的箱形图。

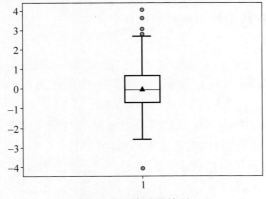

图 6-15　箱形图绘制

In[17]:
```
import matplotlib.pyplot as plt
import numpy as np
# 生成两组随机数据
np.random.seed(0)
data1 = np.random.normal(0, 1, 1000)
data2 = np.random.normal(2, 1, 1000)
data3 = np.random.normal(-2, 1, 1000)
# 将数据放入列表中
data = [data1, data2, data3]
# 绘图
plt.boxplot(data, widths = 0.5, patch_artist = True, notch = True, labels = ['组 1', '组 2', '组 3'])
# 设置标签
plt.ylabel('数值')
# 显示图形
plt.show()
```

以上程序段中,通过设置 patch_artist＝True,可以通过调整矩形的填充颜色、边框颜色、透明度等参数来自定义箱的外观。这个参数通常与 boxprops 参数结合使用,后者用于指定矩形的样式。notch 参数用于确定是否绘制缺口(notch)。缺口是指在箱的中央位置,有一个垂直方向的凹陷,用于表示数据分布中的置信区间。程序运行后输出如图 6-16 所示的箱形图。

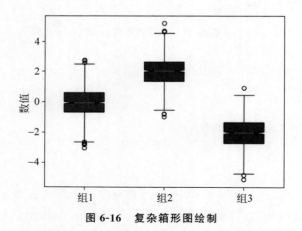

图 6-16 复杂箱形图绘制

6.8 绘制热力图

热力图是一种通过颜色编码来展示二维数据的可视化工具。它的主要目的是通过可视化数据的分布和模式,帮助人们更好地理解数据集的特征和关系。绘制热力图的意义有以下几方面。

(1) 数据分布可视化:热力图可以帮助观察数据的空间和视觉分布。通过颜色的深浅变化,我们可以发现数据的聚集点、高密度和低密度区域。

(2) 相关性分析:热力图可以显示多个变量之间的相关性。颜色的变化可以快速显示变量之间的关系,如正相关、负相关和无关系。

第 6 章 数据可视化

(3) 趋势分析：通过在时间或空间范围内绘制热力图，我们可以观察到数据的变化趋势和模式。这有助于发现季节性变化、空间集聚等趋势性特征。

(4) 异常检测：通过观察热力图上的异常值，我们可以发现数据中的离群点或者异常观测。

例 6-8 热力图图形绘制举例（In[18]）。

In[18]:
```
import matplotlib.pyplot as plt import numpy as np
import seaborn as sns
from matplotlib.pyplot import *
% matplotlib inline
rcParams['font.sans-serif'] = ['SimHei']
rcParams['axes.unicode_minus'] = False
# 创建一个随机的矩阵作为数据
data = np.random.rand(5, 5)
# 使用 seaborn 绘制热力图
sns.heatmap(data, cmap = 'YlOrRd', annot = True)
# 显示图表
plt.show()
```

程序运行后输出如图 6-17 所示的热力图。

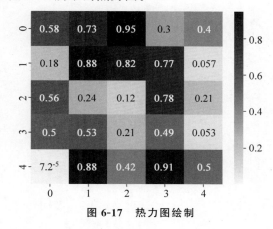

图 6-17 热力图绘制

🔑 6.9 绘制雷达图

雷达图是一种多维数据可视化工具，它可以呈现多个变量在不同角度上的相对值或比较关系。雷达图的作用如下。

(1) 比较变量：雷达图可以将多个变量的值以多边形的形式展示出来，使得我们可以直观地比较它们之间的大小、差异和趋势。通过观察不同特征在雷达图上的位置和长度，我们可以得出它们的相对强弱或优劣。

(2) 发现模式：通过雷达图可以观察到不同变量之间的模式和关联性。通过雷达图的形状和变量之间的相对位置，可以发现特征之间的关系和趋势，进而洞察数据中的模式和规律。

（3）高亮特征：雷达图可以用于突出显示或强调某个特定的变量或特征。通过增加线条的宽度、改变颜色或添加标记等方式，将关注点放在特定的特征上，以便更好地传达重要信息。

（4）记录变化：雷达图可以用来跟踪变量在时间或者其他维度上的变化。通过记录不同时间点或事件下的雷达图，可以观察到变量值的演变和趋势，并进行对比和分析。

（5）数据解读：雷达图可以帮助我们更直观地解读数据和传达信息。相对于其他图表形式，雷达图更能够展示多个维度的数据，能从多个角度对数据进行综合分析和理解。

例 6-9 雷达图图形绘制举例(In[19])。

In[19]:
```python
import numpy as np
import matplotlib.pyplot as plt
# 产品的评估指标
labels = np.array(['价格', '质量', '性能', '可靠性'])
# 不同产品在各个评估指标上的得分（范围 0 到 1）
product_A = np.array([0.8, 0.6, 0.7, 0.9])
product_B = np.array([0.6, 0.8, 0.5, 0.7])
product_C = np.array([0.7, 0.4, 0.8, 0.6])
product_D = np.array([0.9, 0.7, 0.6, 0.8])
# 将第一个评估指标的得分复制到最后，形成闭环
product_A = np.concatenate((product_A, [product_A[0]]))
product_B = np.concatenate((product_B, [product_B[0]]))
product_C = np.concatenate((product_C, [product_C[0]]))
product_D = np.concatenate((product_D, [product_D[0]]))
# 创建角度
angles = np.linspace(0, 2 * np.pi, len(labels), endpoint = False).tolist()
# 添加第一个角度到最后，以形成闭环
angles += angles[:1]
# 创建雷达图
fig, ax = plt.subplots(figsize = (6, 6), subplot_kw = {'projection': 'polar'})
# 绘制雷达图
ax.plot(angles, product_A, 'o-', label = '产品 A')
ax.plot(angles, product_B, 'o-', label = '产品 B')
ax.plot(angles, product_C, 'o-', label = '产品 C')
ax.plot(angles, product_D, 'o-', label = '产品 D')
# 设置刻度标签
ax.set_xticks(angles[:-1])
ax.set_xticklabels(labels)
# 添加图例
ax.legend()
# 显示图表
plt.show()
```

程序运行后输出如图 6-18 所示的雷达图。

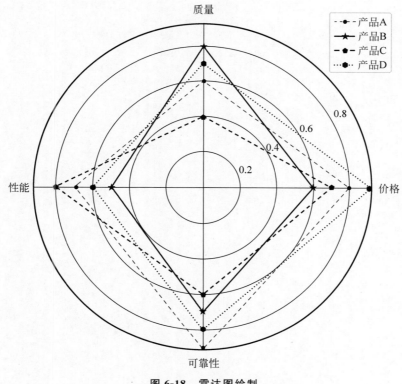

图 6-18 雷达图绘制

习题 6

本书提供在线测试习题,扫描下面的二维码,可以获取本章习题。

在线测试

第2部分

Python数据分析基础

第 7 章

NumPy基础

CHAPTER 7

NumPy 是 Numercial Python 的简称，主要用于处理多维数组，是 Python 数值计算中使用最多的包。使用 NumPy 可以方便地进行矩阵运算，对磁盘中的文件进行读写操作，生成随机数和进行傅里叶变换。

7.1 数组的创建

NumPy 的核心功能就是生成 N 维数组对象,且允许使用类似于标量的操作作用于整个数组对象。在使用 NumPy 时,需要导入 NumPy 包。

```
import numpy as np
```

上述程序中,np 作为 numpy 的别名进行使用,使用 np 可以方便地生成多维数组。

7.1.1 通过列表创建数组

例 7-1 创建数组举例(In[1]~In[12])。

In[1]:
```
import numpy as np
list1 = [10,12,34,21,56,78,79]
array1 = np.array(list1,dtype = float)
print(array1)
```

程序运行结果如下。

```
[10. 12. 34. 21. 56. 78. 79.]
```

7.1.2 通过 aragne 方法生成数组

In[2]:
```
import numpy as np
array2 = np.arange(16)
print(array2)
```

程序运行结果如下。

```
[ 0  1  2  3  4  5  6  7  8  9 10 11 12 13 14 15]
```

In[3]:
```
import numpy as np
array3 = np.arange(16).reshape(4,4)
print(array3)
```

程序运行结果如下。

```
[[ 0  1  2  3]
 [ 4  5  6  7]
 [ 8  9 10 11]
 [12 13 14 15]]
```

7.1.3 直接生成数组

In[4]:
```
array4 = np.array([[1,2,3],[4,5,6],[10,21,9]])
print(array4)
```

程序运行结果如下。

```
[[ 1  2  3]
 [ 4  5  6]
 [10 21  9]]
```

7.1.4 特殊数组

特殊数组包括全 0、全 1，以及对角线为 1 的数组等几种形式。

1. 生成全 0 的数组

In[5]:
```
array5 = np.zeros([4,5])
print(array5)
```

程序运行结果如下。

```
[[0. 0. 0. 0. 0.]
 [0. 0. 0. 0. 0.]
 [0. 0. 0. 0. 0.]
 [0. 0. 0. 0. 0.]]
```

2. 生成全 1 的数组

In[6]:
```
array6 = np.ones([3,2])
print(array6)
```

程序运行结果如下。

```
[[1. 1.]
 [1. 1.]
 [1. 1.]]
```

3. 生成全是某一值的数组

In[7]:
```
array7 = np.full([5,5],10)
print(array7)
```

程序运行结果如下。

```
[[10 10 10 10 10]
 [10 10 10 10 10]
 [10 10 10 10 10]
 [10 10 10 10 10]
 [10 10 10 10 10]]
```

4. 生成对角线元素为 1 的数组

In[8]:
```
np.eye(3)
```

Out[8]:
```
array([[1., 0., 0.],
       [0., 1., 0.],
       [0., 0., 1.]])
```

7.1.5 生成符合某种分布的数组

1. 生成标准正态分布的数组

In[9]:
```
import numpy as np
np.random.randn(2,3)
```
Out[9]:
```
array([[ 0.27303837, -0.16945977,  1.20057846],
       [ 1.07606393,  0.0272579 ,  0.65510189]])
```

以上程序生成 2 行 3 列满足标准正态分布的随机数组。通常可以使用 rand(m,n) 生成 m 行 n 列的数组，各数组元素的值位于 [0,1) 区间。

2. 生成正态分布的数组

In[10]:
```
array8 = np.random.normal(4,2,(3,4))
print(array8)
```

程序运行结果如下。

```
[[0.6831463  2.53107415 3.35235127 4.69765555]
 [3.46351452 4.56262414 3.96825819 4.65490418]
 [5.10224378 1.89771557 2.55260117 5.9020483 ]]
```

以上生成 3 行 4 列符合均值为 4、方差为 2 的正态分布数。

3. 生成 [0,1) 均匀分布的数组

In[11]:
```
array9 = np.random.rand(3,2)
print(array9)
```

程序运行结果如下。

```
[[0.62093414 0.96668114]
 [0.84265829 0.80400468]
 [0.60650916 0.32140411]]
```

4. 生成某一范围内均匀分布的数组

In[12]:
```
import numpy as np
array10 = np.random.uniform(5, 10, (3, 4))
print(array10)
```

程序运行结果如下。

```
[[5.47077604 6.88630093 6.34965351 7.48651327]
 [7.34366596 8.84528022 6.62233713 8.36482155]
 [9.38075512 5.65224529 6.37383045 8.75729662]]
```

7.2 数组属性

数组的属性包括形状、维度、规模等。

例 7-2 数组的属性举例(In[13]～In[15])。

In[13]:
```
array11 = np.array([[1,2,3],[4,5,6]])
array12 = array11.reshape((3,2))
print("形状:", array12.shape)
print("维度:", array12.ndim)
print("数组的大小:", array12.size)
```

程序运行结果如下。

```
形状: (3, 2)
维度: 2
数组的大小: 6
```

In[14]:
```
array13 = np.array([1,2,3,4,5,6])
array13.shape
```
Out[14]:
```
(6,)
```

此处 6 表示 np2 具有 6 个元素。

In[15]:
```
array13.ndim
```
Out[15]:
```
1
```

此处 1 表示 np2 是一维数组。

7.3 数组的算术运算

Python 数组的算术运算的主要特点是 Python 数组具有广播机制。

例 7-3 数组的算术运算举例(In[16]～In[19])。

In[16]:
```
#数组相乘,结果等于对应元素相乘
array14 = np.array([[1, 2, 3],
                    [4, 5, 6]])
array14 * array14
```
Out[16]:
```
array([[ 1,  4,  9],
       [16, 25, 36]])
```

```
In[17]:
    #数组相加,结果等于对应元素相加
    array15 = np.array([[1, 2, 3],
                        [4, 5, 6]])
    array15 + array15
Out[17]:
    array([[ 2,  4,  6],
           [ 8, 10, 12]])
In[18]:
    array16 = np.array([[1,2,3],[4,5,6]])
    1/ array16
Out[18]:
    array([[1. , 0.5, 0.33333333],
           [0.25, 0.2, 0.16666667]])
In[19]:
    array17 = np.array([[1, 2, 3],
                        [4, 5, 6]])
    array18 = np.array([[1, 3, 5],
                        [2, 4, 6]])
    #数组元素的比较
    array17 > array18
Out[19]:
    array([[False,  True,  True],
           [False, False, False]])
```

7.4 数组的索引与切片

数组的索引与切片和列表类似,但列表只有一维,而数组可以有多维。

例 7-4 数组的索引与切片举例(In[20]~In[35])。

1. 数组的索引

```
In[20]:
    array19 = np.array([[1,2,3],[4,5,6],[7,8,9]])
    #获取数组元素第一行的值
    array19[0]
Out[20]:
    array([1, 2, 3])
In[21]:
    array20 = np.array([[1,2,3],[4,5,6],[7,8,9]])
    #获取数组元素第二行第一列的值
    array20[1,0]
Out[21]:
    4
In[22]:
    array21 = np.array([[1,2,3],[4,5,6],[7,8,9]])
    #效果与array21[1,0]的一样
    array21[1][0]
Out[22]:
    4
In[23]:
```

```
array22 = np.array([[[1,2,3],[4,5,6]],[[7,8,9],[10,11,12]],[[3,2,1],[6,5,4]]])
array22[0,1,1]
```
Out[23]:
　　5

In[24]:
```
array22[2,1,2]
```
Out[24]:
　　4

2. 数组的布尔索引

In[25]:
```
import numpy as np
array23 = np.array(['Tom', 'June', 'Itly', 'Bob', 'Will', 'Joe', 'Joe'])
array23 == 'Bob'
```

程序运行结果如下。

array([False, False, False, True, False, False, False])

In[26]:
```
array24 = np.array([np21 == 'Bob'])
array24
```
Out[26]:
array([[False, False, False, True, False, False, False]])

3. 数组的其他索引方式

多维数组的其他索引方式又称为"神奇索引"或者"花式索引",功能很多,主要是利用Python数组元素的广播机制,以下仅举几例加以说明。

In[27]:
```
array25 = np.empty((8, 4))
for i in range(8):
    array25[i] = i
print(array25)
```

程序运行结果如下。

[[0., 0., 0., 0.],
 [1., 1., 1., 1.],
 [2., 2., 2., 2.],
 [3., 3., 3., 3.],
 [4., 4., 4., 4.],
 [5., 5., 5., 5.],
 [6., 6., 6., 6.],
 [7., 7., 7., 7.]])

In[28]:
```
array26 = np.empty((8, 4))
for i in range(8):
    array26[i] = i
array26[[4,3,0,6]]
```
Out[28]:
　　array([[4., 4., 4., 4.],

```
          [3., 3., 3., 3.],
          [0., 0., 0., 0.],
          [6., 6., 6., 6.]])
```
In[29]:
```
  array27 = np.empty((8, 4))
  for i in range(8):
    array27[i] = i
  array27[[-3, -5, -7]]
```
Out[29]:
```
  array([[5., 5., 5., 5.],
         [3., 3., 3., 3.],
         [1., 1., 1., 1.]])
```
In[30]:
```
  array28 = np.arange(32).reshape((8, 4))
  # 获取array28的1行0列,5行3列,7行1列,2行2列
  array28[[1, 5, 7, 2], [0, 3, 1, 2]]
```
Out[30]:
```
  array([ 4, 23, 29, 10])
```
In[31]:
```
  array29 = np.arange(32).reshape((8, 4))
  array29[[1, 5, 7, 2]][:, [0, 3, 1, 2]]
```
Out[31]:
```
  array([[ 4,  7,  5,  6],
         [20, 23, 21, 22],
         [28, 31, 29, 30],
         [ 8, 11,  9, 10]])
```

4. 数组的切片

In[32]:
```
  array30 = np.array([[[1,2,3],[4,5,6]],[[7,8,9],[10,11,12]],[[3,2,1],[6,5,4]]])
  array30[1:2,1:2,:2]
```
Out[32]:
```
  array([[[10, 11]]])
```
In[33]:
```
  array31 = np.array([[[1,2,3],[4,5,6]],[[7,8,9],[10,11,12]],[[3,2,1],[6,5,4]]])
  array31[:,:,:]
```
Out[33]:
```
  array([[[  1,   2,   3],
          [  4,   5,   6]],
         [[100,  8,   9],
          [ 10, 11,  12]],
         [[  3,   2,   1],
          [  6,   5,   4]]])
```
In[34]:
```
  # 获取字符串中索引1到末尾的字符,步长为2
  array32 = [1, 2, 3, 4, 5, 6, 7, 8, 9]
  array33 = array32[1::2]
  print(array33)
```

程序运行结果如下。

[2, 4, 6, 8]

In[35]:

```
# 获取字符串中索引 0 到末尾的字符,步长为 3
string1 = "Hello, World!"
string2 = string1[0::3]
print(string2)
```

程序运行结果如下。

```
Hl r!
```

7.5 数组的转置和转轴

数组的转置和转轴是一种数据重组的形式,用于返回底层数据的视图而不复制其中的内容,有利于减少数据的存储容量,具有较高的实用价值。数组的转置和转轴包括 transpose、T 和 swapaxes 等方法。以下举例说明。

在 Python 中,transpose 是 NumPy 和 Pandas 库中数组和 DataFrame 对象的方法,用于对数组或矩阵进行转置操作。它可以交换数组或矩阵的行和列,使得原先的行变为列,原先的列变为行,也可以用 T 方法实现。swapaxes 方法用于交换数组的两个轴(维度),它允许我们在数组的不同轴之间进行交换,从而改变数组的形状和结构。

例 7-5 数组的转置与转轴(In[36]~In[38])。

In[36]:
```
import numpy as np
array34 = np.array([[1, 2, 3], [4, 5, 6]])
array35 = np.transpose(array34)
print(array35)
```

程序运行结果如下。

```
[[1 4]
 [2 5]
 [3 6]]
```

In[37]:
```
import numpy as np
array36 = np.array([[2,7,3],[8,5,6]])
array37 = array36.T
print(array37)
```

程序运行结果如下。

```
[[2 8]
 [7 5]
 [3 6]]
```

In[38]:
```
import numpy as np
array38 = np.array([[2,7,3],[8,5,6],[7,8,9]])
array39 = np.swapaxes(array38, 0, 1)
print(array39)
```

程序运行结果如下。

```
[[2 8 7
```

```
    [7 5 8]
    [3 6 9]]
```

7.6 数组的变形

例 7-6 数组的变形(In[39]~In[47])。

In[39]:
```
    array40 = np.arange(15).reshape((3,5))
    print(array40)
```

程序运行结果如下。

```
array([[ 0,  1,  2,  3,  4],
       [ 5,  6,  7,  8,  9],
       [10, 11, 12, 13, 14]])
```

In[40]:
```
    array40.ravel()
```
Out[40]:
```
    array([ 0,  1,  2,  3,  4,  5,  6,  7,  8,  9, 10, 11, 12, 13, 14])
```
In[41]:
```
    #列优先
    array40.ravel(order = 'F')
```
Out[41]:
```
    array([ 0,  5, 10,  1,  6, 11,  2,  7, 12,  3,  8, 13,  4,  9, 14])
```
In[42]:
```
    #flatten 返回数组,修改返回数组不会影响原来的数组
    array40.flatten()
```
Out[42]:
```
    array([ 0,  1,  2,  3,  4,  5,  6,  7,  8,  9, 10, 11, 12, 13, 14])
```
In[43]:
```
    #列优先
    array40.flatten(order = 'F')
```
Out[43]:
```
    array([ 0,  5, 10,  1,  6, 11,  2,  7, 12,  3,  8, 13,  4,  9, 14])
```
In[44]:
```
    array41 = np.arange(6).reshape((2,3))
    array41.reshape(-1,1)
```
Out[44]:
```
    array([[0],
           [1],
           [2],
           [3],
           [4],
           [5]])
```
In[45]:
```
    array42 = np.arange(6).reshape((2,3))
    array42.reshape(3,-1)
```
Out[45]:
```
    array([[0, 1],
           [2, 3],
           [4, 5]])
```

In[46]:
　#当参数只有一个(-1),表示数组为一维
　array42.reshape(-1)
Out[46]:
　array([0, 1, 2, 3, 4, 5])
In[47]:
　#列数由系统计算得到
　array43 = np.arange(6).reshape((2, 3))
　array43.reshape(3, -1)
Out[47]:
　array([[0, 1],
　　　　 [2, 3],
　　　　 [4, 5]])

7.7 数组的拼接和分裂

例 7-7　数组的拼接和分裂(In[48]~In[54])。

In[48]:
　array44 = np.array([[5, 103, 1],
　　　　　　　　　　　[1,   6, 1],
　　　　　　　　　　　[1,   1, 9]])
　array45 = np.array([[1,   2, 3],
　　　　　　　　　　　[4,   5, 6],
　　　　　　　　　　　[7,   8, 9]])
　#水平方向扩展
　np.hstack((array44, array45))
Out[48]:
　array([[5, 103, 1, 1, 2, 3],
　　　　 [1,   6, 1, 4, 5, 6],
　　　　 [1,   1, 9, 7, 8, 9]])
In[49]:
　array46 = np.array([[5, 103, 1],
　　　　　　　　　　　[1,   6, 1],
　　　　　　　　　　　[1,   1, 9]])
　array47 = np.array([[1,   2, 3],
　　　　　　　　　　　[4,   5, 6],
　　　　　　　　　　　[7,   8, 9]])
　#垂直方向增加
　np.vstack((array46, array47))
Out[49]:
　array([[5, 103, 1],
　　　　 [1,   6, 1],
　　　　 [1,   1, 9],
　　　　 [1,   2, 3],
　　　　 [4,   5, 6],
　　　　 [7,   8, 9]])
In[50]:
　array48 = np.array([[5, 103, 1],
　　　　　　　　　　　[1,   6, 1],
　　　　　　　　　　　[1,   1, 9]])
　array49 = np.array([[1,   2, 3],

```
                  [ 4,   5,   6],
                  [ 7,   8,   9]])
    np.concatenate((array48, array49),axis = 1)
Out[50]:
    array([[ 5, 103,   1,   5, 103,   1],
           [ 1,   6,   1,   1,   6,   1],
           [ 1,   1,   9,   1,   1,   9]])
In[51]:
    array50 = np.array([[ 5, 103,   1],
                        [ 1,   6,   1],
                        [ 1,   1,   9]])
    array51 = np.array([[ 1,   2,   3],
                        [ 4,   5,   6],
                        [ 7,   8,   9]])
    np.concatenate((array50, array51),axis = 0)
Out[51]:
    array([[ 5, 103,   1],
           [ 1,   6,   1],
           [ 1,   1,   9],
           [ 1,   2,   3],
           [ 4,   5,   6],
           [ 7,   8,   9]])
In[52]:
    array52 = [12,34,32,45,65,1,35,67,78,100]
    array53, array54, array55 = np.split(array52,[3,5])  #其中3,5表示分裂点位置
    print(array53, array54, array55)
```

程序运行结果如下。

```
[12 34 32] [45 65] [  1  35  67  78 100]
```

```
In[53]:
    array56 = np.arange(20).reshape(4,5)
    array57, array58 = np.vsplit(array56,[2])  #垂直分裂
    print(array57)
    print(array58)
```

程序运行结果如下。

```
[[0 1 2 3 4]
 [5 6 7 8 9]]
[[10 11 12 13 14]
 [15 16 17 18 19]]
```

```
In[54]:
    array59 = np.arange(16).reshape(4,4)
    array60, array61 = np.hsplit(array59,[2])
    print(array60)
    print(array61)
```

程序运行结果如下。

```
[[ 0  1]
 [ 4  5]
 [ 8  9]
 [12 13]]
[[ 2  3]
```

[6 7]
 [10 11]
 [14 15]]

7.8 数组的排序

例 7-8 数组的排序举例(In[55]~In[60])。

In[55]:
```
import numpy as np
array62 = np.array([67,21,34,54,32,56])
array63 = np.sort(array62)
print(array63)
```

程序运行结果如下。

[21 32 34 54 56 67]

In[56]:
```
# 对二维数组按行进行排序
array64 = np.array([[3,4,2],[5,4,6]])
array64.sort(axis = 1)
print(array64)
```

程序运行结果如下。

[[2 3 4]
 [4 5 6]]

In[57]:
```
array65 = np.array([[3,6,10],[5,4,6]])
array65.sort(axis = 0)
print(array65)
```

程序运行结果如下。

[[3 4 6]
 [5 6 10]]

In[58]:
```
# 函数将数组 x 中的元素从小到大排序,并且取出它们对应的索引
array66 = np.array([1,4,3,-1,6,9])
np.argsort(array66)
```
Out[58]:
```
array([[3, 0, 2, 1, 4, 5]], dtype = int64)
```
In[59]:
```
array67 = np.array([1,4,3,-1,6,9])
# 检索最大值的下标
np.argmax(array67)
```
Out[59]:
 5
In[60]:
```
array68 = np.array([1,4,3,-1,6,9])
# 检索最小值的下标
np.argmin(array68)
```
Out[60]:
 3

7.9 数组的比较、布尔数组

例 7-9 数组的比较、布尔数组举例(In[61]～In[67])。

In[61]:
```
array69 = np.array([[1,2,3],[4,5,6]])
print(array69)
```

程序运行结果如下。

```
[[1 2 3]
 [4 5 6]]
```

In[62]:
```
array69 > 5
```
Out[62]:
```
array([[False, False, False],
       [False, False, True ]])
```
In[63]:
```
array69 == 3
```
Out[63]:
```
array([[False, False, True ],
       [False, False, False]])
```
In[64]:
```
np.sum(array69! = 3,axis = 1)
Out[64]:
array([2, 3])
```
In[65]:
```
np.sum(array69! = 3,axis = 0)
```
Out[65]:
```
array([2, 2, 1])
```
In[66]:
```
array70 = array69! = 3
Array70
```
Out[66]:
```
array([[True,True,False],
       [True,True,True ]])
```
In[67]:
```
array71 = array69[array70]
array71
```
Out[67]:
```
array([1, 2, 4, 5, 6])
```

7.10 数组顺序的打乱

例 7-10 数组顺序打乱举例(In[68]～In[70])。

In[68]:
```
# 就地打乱数组,原数组改变为新打乱的数组
import numpy as np
array72 = np.array([1, 2, 3, 4, 5])
```

```
np.random.shuffle(np72)
print(np72)
```
Out[68]:
```
[4 1 5 3 2]
```
In[69]:
```
#打乱数组后保存为另外一个数组,原数组不变
import numpy as np
np73 = np.array([1, 2, 3, 4, 5])
np74 = np.random.permutation(np33)
print(np73)
print(np74)
```
Out[69]:
```
[1 2 3 4 5]
[4 5 1 3 2]
```
In[70]:
```
import numpy as np
np75 = np.array([[1, 2, 3], [4, 5, 6], [7, 8, 9]])
np.random.shuffle(np75.T)
print(np75)
```
Out[70]:
```
[[2 1 3]
 [5 4 6]
 [8 7 9]]
```

7.11 Python 文本文件操作

Python 中文件的存储格式主要有文本文件、二进制文件和 CSV 文件三种,主要用于存储海量的数据,如国民经济运行数据、电网运行数据、交通数据以及天气数据等。Python 通过文件操作获取文件数据,对获取的数据进行分析处理。

1. txt 文件的保存

例 7-11 生成 16 个符合标准正态的随机数,并存入 a.txt 文件(In[71])。

In[71]:
```
import numpy as np
a = np.random.randn(4,4)
#在 Python 工作目录下保存一个名为 a.txt 的文本文件,文件的默认格式为'%.18e'
#打开 a.txt 文件后,文件中的内容为 16 个格式为%.18e 的标准正态分布数据
np.savetxt('a.txt',a)
```

例 7-12 生成 12 个符合标准正态的随机数,设置数据的保存格式,并存入 b.txt 文件 (In[72])。

In[72]:
```
import numpy as np
#可以设置数字的输出格式
a = np.random.randn(3,4)
#在 Python 当前文件夹下保存了一个名为 b.txt 的文本文件,文件的默认格式为'%4.2f',打开
#b.txt 文件后,文件中的内容为 12 个格式为%.4.2f,数据之间以","分隔的标准正态分布数据
np.savetxt('b.txt',a,fmt = '%4.2f',delimiter = ',')
```

2. txt 文件的读取

例 7-13　从当前文件夹中读取某电网公司的负荷数据,数据保存在 load7_1.txt 中(In[73])。

In[73]:
```
import numpy as np
load_1 = np.loadtxt('load7_1.txt')
print(load)
```

程序运行后在屏幕上输出的内容如下。

```
[[29.009  6.485  43.298]
 [32.676  1.838  48.804]
 [37.914  7.272  54.167]
 [36.967  8.78   54.938]
 [31.473  7.455  47.776]
 [38.883  7.323  57.982]
 [35.279  7.5    54.89 ]
 [35.022  9.764  57.482]
 [47.479  5.297  69.046]]
```

Python 中,txt 文件数据之间默认以空格为分隔符,如果数据之间以逗号分隔,则读取时要设置读取格式。

例 7-14　读取以逗号(,)分隔的数据(In[74])。

In[74]:
```
import numpy as np
load_2 = np.loadtxt('load7_2.txt',delimiter = ',')
print(load1)
```

程序运行后在屏幕上输出的内容如下。

```
[[29.009  6.485  43.298]
 [32.676  1.838  48.804]
 [37.914  7.272  54.167]
 [36.967  8.78   54.938]
 [31.473  7.455  47.776]
 [38.883  7.323  57.982]
 [35.279  7.5    54.89 ]
 [35.022  9.764  57.482]
 [47.479  5.297  69.046]]
```

3. 读取 txt 文件的部分内容

例 7-15　读取数据的前两列和前两行(In[75])。

In[75]:
```
import numpy as np
load = np.loadtxt('load7_2.txt',delimiter = ',')
#读取第 1 列和第 2 列数据
load_col = load[:,:2]
#读取第 1 行和第 2 行数据
load_row = load[:2,:]
print("load_col:\n",load_col)
```

```
print("load_row:\n",load_row)
```

程序运行后在屏幕上输出的内容如下。

```
load_col:
 [[29.009  6.485]
 [32.676  1.838]
 [37.914  7.272]
 [36.967  8.78 ]
 [31.473  7.455]
 [38.883  7.323]
 [35.279  7.5  ]
 [35.022  9.764]
 [47.479  5.297]]
load_row:
 [[29.009  6.485  43.298]
 [32.676  1.838  48.804]]
```

4. 读取 txt 文件除第一行之外的文件内容

例 7-16　数据存储在 load7_3.txt 中,包含中文字符,跳过首行读取数据(In[76])。

In[76]:
```
import numpy as np
load_3 = np.genfromtxt('load7_3.txt',dtype = str,encoding = 'utf8',skip_header = 1)
print(load_3)
```

程序运行后在屏幕上输出的内容如下。

```
[['29.009' '6.485' '43.298']
 ['32.676' '1.838' '48.804']
 ['37.914' '7.272' '54.167']
 ['36.967' '8.78' '54.938' ]
 ['31.473' '7.455' '47.776']
 ['38.883' '7.323' '57.982']
 ['35.279' '7.5' '54.89'   ]
 ['35.022' '9.764' '57.482']
 ['47.479' '5.297' '69.046']]
```

5. 删除 txt 文件中的某些字符

例 7-17　在 load7_4.txt 中读取数据,要求删除 kWh 字符(In[77])。

In[77]:
```
import numpy as np
# 读取 load7_4.txt 的第 0 列和第 1 列数据
load = np.genfromtxt("load7_4.txt",delimiter = ',',max_rows = 9,usecols = range(2))
# 读取 load7_4.txt 的第 2 列数据
load1 = np.genfromtxt("load7_4.txt",delimiter = ',',dtype = str,max_rows = 9,usecols = [2])
# 删除 kWh,并转换为浮点型数据
load2 = [float(v.rstrip('kWh')) for (i,v) in enumerate(load1)]
print(load,'\n',load2)
```

程序运行后在屏幕上输出的内容如下。

```
[[29.009  6.485]
```

```
 [32.676  1.838]
 [37.914  7.272]
 [36.967  8.78 ]
 [31.473  7.455]
 [38.883  7.323]
 [35.279  7.5  ]
 [35.022  9.764]
 [47.479  5.297]]
[43.298, 48.804, 54.167, 54.938, 47.776, 57.982, 54.89, 57.482, 69.046]
```

习题 7

本书提供在线测试习题,扫描下面的二维码,可以获取本章习题。

在线测试

第 8 章

矩阵运算

CHAPTER 8

矩阵运算是整个数值处理的核心。本章包括三方面的内容:一是矩阵构造方法,包括矩阵的转置,对角矩阵的创建,单位矩阵的创建,上、下三角矩阵的创建等。二是矩阵的基本运算,包括矩阵乘法、向量内积、矩阵和向量的乘法等。三是矩阵的线性代数运算,包括矩阵的迹、矩阵的秩、逆矩阵的求解、伴随矩阵和广义逆矩阵等。

8.1 矩阵的构造方法

8.1.1 使用 NumPy 生成矩阵

在 NumPy 中,二维数组的创建有两种方法:一种是使用 array 方法,另一种是使用 matrix 方法。

例 8-1 使用 array 创建(In[1])。

```
In[1]:
    import numpy as np
    #通过 array 输出矩阵
    array1 = np.array([[1,2,3],[1,1,5]])
    print(array1)
```

程序运行结果如下。

```
array([[1, 2, 3],
       [1, 1, 5]])
```

例 8-2 使用 matrix 创建(In[2])。

```
In[2]:
    #通过 matrix 输出矩阵
    np.mat([[1,2,3],[1,1,5]])
Out[2]:
    matrix([[1, 2, 3],
            [1, 1, 5]])
```

在 NumPy 中,matrix 和 array 中数组在底层的实现上基本相同,对于大规模数据,数组类型对象的计算速度快于矩阵类型对象。但二维数组要进行矩阵乘法,需要使用相关函数进行运算。

例 8-3 使用 matrix 进行计算(In[3])。

```
In[3]:
    #通过 matrix 创建矩阵并进行相乘
    n1 = np.mat([[1,3],[1,5]])
    n2 = np.mat([[1,3],[1,1]])
    n1 * n2
Out[3]:
    matrix([[4, 6],
            [6, 8]])
```

8.1.2 特殊矩阵的构造方法

特殊矩阵包括矩阵的转置、单位矩阵、对角矩阵、上三角矩阵和下三角矩阵。

1. 矩阵的转置

例 8-4 使用.T 方法进行矩阵的转置(In[4])。

```
In[4]:
```

```
# 输出矩阵的转置矩阵
n3 = np.array([[1,2,3],[2,3,4]])
n3.T
```
Out[4]:
```
array([[1, 2],
       [2, 3],
       [3, 4]])
```

2．单位矩阵的创建

例 8-5　使用 eye()方法创建单位矩阵(In[5])。

In[5]:
```
# 创建单位矩阵
n4 = np.eye(4)
n4
```
Out[5]:
```
array([[1., 0., 0., 0.],
       [0., 1., 0., 0.],
       [0., 0., 1., 0.],
       [0., 0., 0., 1.]])
```

3．对角矩阵的创建

例 8-6　使用 diag()方法创建对角矩阵(In[6])。

In[6]:
```
# 创建对角矩阵
n5 = np.arange(4)
np.diag(n5)
```
Out[6]:
```
array([[0, 0, 0, 0],
       [0, 1, 0, 0],
       [0, 0, 2, 0],
       [0, 0, 0, 3]])
```

4．对角矩阵上移 1 位

例 8-7　使用 diag( )方法上移矩阵(In[7])。

In[7]:
```
# 通过 diag( )方法上移矩阵
n6 = np.arange(4)
np.diag(n6,1)
```
Out[7]:
```
array([[0, 0, 0, 0, 0],
       [0, 0, 1, 0, 0],
       [0, 0, 0, 2, 0],
       [0, 0, 0, 0, 3],
       [0, 0, 0, 0, 0]])
```

5．对角矩阵下移 1 位

例 8-8　使用 diag( )方法下移矩阵(In[8])。

In[8]:

```
#通过diag()方法下移矩阵
n7 = np.arange(4)
np.diag(n7,-1)
```
Out[8]:
```
array([[0, 0, 0, 0, 0],
       [0, 0, 0, 0, 0],
       [0, 1, 0, 0, 0],
       [0, 0, 2, 0, 0],
       [0, 0, 0, 3, 0]])
```

6. 上三角矩阵的创建

例 8-9　使用 triu( )方法获取上三角矩阵(In[9])。

In[9]:
```
#获取矩阵的上三角矩阵
n8 = np.arange(16).reshape(4,4)
np.triu(n8)
```
Out[9]:
```
array([[ 0, 1,  2,  3],
       [ 0, 5,  6,  7],
       [ 0, 0, 10, 11],
       [ 0, 0,  0, 15]])
```

7. 下三角矩阵的创建

例 8-10　使用 tril( )方法获取下三角矩阵(In[10])。

In[10]:
```
#获取矩阵的下三角矩阵
n9 = np.arange(16).reshape(4,4)
np.tril(n9)
```
Out[10]:
```
array([[ 0,  0,  0,  0],
       [ 4,  5,  0,  0],
       [ 8,  9, 10,  0],
       [12, 13, 14, 15]])
```

8.2　矩阵的基本运算

1. 矩阵的逐元素相乘

例 8-11　矩阵的逐元素相乘举例(In[11])。

In[11]:
```
#矩阵逐元素相乘
n10 = np.arange(4)
n10 * n10
```
Out[11]:
```
array([0, 1, 4, 9])
```

2. 向量的点积

向量的点积就是向量的对应元素相乘后相加之和。

例 8-12 向量点积举例 1(In[12])。

```
In[12]:
    #输出向量的点积
    n11 = np.arange(4)
    n12 = np.array([1,1,1,1])
    np.dot(n11,n12)
Out[12]:
    6
```

例 8-13 向量的点积举例 2,例 8-12 也可以用以下 3 种方式实现(In[13]~In[15])。

```
In[13]:
    #通过 dot()函数输出向量的点积
    n13 = np.arange(4)
    n14 = np.array([1,1,1,1])
    n13.dot(n14)
Out[13]:
    6
In[14]:
    #通过 vdot()函数输出向量的点积
    np.vdot(n13,n14)
Out[14]:
    6
In[15]:
    #通过 inner()函数输出向量的点积
    np.inner(n13,n14)
Out[15]:
    6
```

3. 矩阵的点积

例 8-14 使用 vdot()方法实现矩阵的点积(In[16])。

```
In[16]:
    #输出矩阵的点积
    n15 = np.array([[1,1],[4,3]])
    np.vdot(n15,n15)
Out[16]:
    27
```

4. 矩阵的乘法

例 8-15 矩阵的乘法举例(In[17])。

```
In[17]:
    n16 = np.arange(6).reshape(2, 3)
    n17 = np.arange(6).reshape(3, 2)
    np.matmul(n16, n17)
    #输出矩阵的乘积
Out[17]:
    array([[10, 13],
           [28, 40]])
```

5. 矩阵的迹

矩阵的迹表示矩阵的对角元素之和。

例 8-16 矩阵的迹举例（In[18]）。

```
In[18]:
    #输出矩阵的迹
    n18 = np.array([[1,2,3],[3,4,5],[1,5,8]])
    np.trace(n18)
Out[18]:
    13
```

6. 矩阵的秩

矩阵的秩指矩阵所表示的向量的最大无关组的个数。

例 8-17 矩阵的秩举例（In[19]）。

```
In[19]:
    #输出矩阵的秩
    n19 = np.array([[1,2,3],[3,4,5],[1,5,8]])
    np.linalg.matrix_rank(n19)
Out[19]:
    3
```

7. 矩阵的行列式和逆矩阵

矩阵的行列式用于计算矩阵的逆矩阵，只有满秩矩阵才有行列式。

例 8-18 矩阵的行列式举例（In[20]）。

```
In[20]:
    #输出矩阵的行列式
    n20 = np.array([[1,2,3],[3,4,5],[1,5,8]])
    np.linalg.det(n20)
Out[20]:
    2.0000000000000018
```

例 8-19 矩阵的逆矩阵举例（In[21]）。

```
In[21]:
    #输出矩阵的逆矩阵
    n21 = np.array([[1,2,3],[3,4,5],[1,5,8]])
    np.linalg.inv(n21)
Out[21]:
    array([[ 3.5, -0.5, -1. ],
           [-9.5,  2.5,  2. ],
           [ 5.5, -1.5, -1. ]])
```

习题 8

本书提供在线测试习题，扫描下面的二维码，可以获取本章习题。

在线测试

第 9 章

数 据 分 析

CHAPTER 9

Pandas 是一个强大的 Python 数据分析库,广泛用于数据清洗、数据处理、数据分析等任务。Pandas 提供了快速、灵活、易于使用的数据结构和数据操作工具,尤其是在处理结构化数据时非常方便。Pandas 的强大功能在于它提供了 Series 和 DataFrame 两个数据结构。

9.1　Series 数据结构的创建

Pandas 有两个重要的数据结构工具:Series 和 DataFrame,为大多数应用提供有效、易用的数据分析工具。Python 中采用以下两种方式引入 Pandas。

例 9-1　Pandas 工具包导入(In[1]~In[2])。

In[1]:
```
import pandas as pd
```

或者

In[2]:
```
from pandas import Series,DataFrame
```

9.1.1　直接生成 Series

Series 是由一组数据以及一组与之对应的数据标签(即索引)组成的一维数组对象。Python 中通过 pandas.Series 来创建 Series,每个 Series 可以看成 DataFrame 的一个列。通过 pandas.Series 创建 Series 数据结构,其基本格式如下。

```
import pandas as pd
pd.Series(data,index, dtype, name)
```

其中,data 可以为列表、array 或 dict;index 表示索引,必须与数据同长度;dtype 为数据类型;name 代表对象的名称。

例 9-2　Series 的直接创建(In[3]~In[4])。

In[3]:
```
import pandas as pd
series1 = pd.Series([1.80,3.05,9.99,2.59,5.19])
series1
```
Out[3]:
```
0    1.80
1    3.05
2    9.99
3    2.59
4    5.19
dtype: float64
```

Series 此时为一个序列,通过 type 函数可以知道它的数据结构类型。

In[4]:
```
import pandas as pd
series2 = pd.Series([1.80,3.01,9.91,8.59],index = ['a','b','c','d'], name = 'This is a series')
series2
```
Out[4]:
```
a    1.80
b    3.01
c    9.91
d    8.59
Name: This is a series, dtype: float64
```

Series 里面的数据结构既可以是列表,也可以是字典,还可以是 NumPy 中的数组结构。

9.1.2 通过列表生成 Series

例 9-3 通过列表生成 Series 举例（In[5]～In[6]）。

```
In[5]:
    import pandas as pd
    list1 = ['hello','world','Python','I','love']
    index = ['one','two','three','four','five']
    series3 = pd.Series(list1,index)
    series3
Out[5]:
    one      hello
    two      world
    three    Python
    four     I
    five     love
    dtype: object
In[6]:
    import numpy as np
    series4 = pd.Series(np.array([2.80,3.01,8.99,8.59]),index = ['a','b','c','d'])
    series4
Out[6]:
    a    2.80
    b    3.01
    c    8.99
    d    8.59
    dtype: float64
```

9.1.3 通过字典生成 Series

例 9-4 通过字典生成 Series 举例（In[7]）。

```
In[7]:
    import pandas as pd
    series5 = pd.Series({'北京':2.80,'上海':3.01,'广东':8.99,'江苏':8.59})
    print(series5)
```

程序运行结果如下。

```
北京    2.80
上海    5.01
广东    8.99
江苏    8.59
dtype: float64
```

9.1.4 Series 常用属性

例 9-5 获取 Series 常用属性举例（In[8]～In[13]）。

（1）values 属性。values 属性返回 Series 对象所有元素值。

```
In[8]:
    series5 = pd.Series({'北京':2.80,'上海':3.01,'广东':8.99,'江苏':8.59})
```

```
series5.values
```
Out[8]:
```
Array([2.80 , 5.01, 8.99, 8.59])
```
由运行结果可以看出,Series 序列中的值以数组的形式呈现。

(2) index 属性。index 属性返回索引值。

In[9]:
```
print(series5.index)
```
程序运行结果如下。

index(['北京','上海','广东','江苏'], dtype = 'object')

(3) dtypes 属性。dtypes 属性返回数据类型。

In[10]:
```
print(series5.dtypes)
```
程序运行结果如下。

```
float64
```

(4) shape 属性。shape 属性返回 Series 数据形状。

In[11]:
```
print(series5.shape)
```
程序运行结果如下。

(4,)

(5) ndim 属性。ndim 属性返回对象的维度。

In[12]:
```
print(series5.ndim)
```
程序运行结果如下。

1

(6) size 属性。size 属性返回对象个数。

In[13]:
```
print(series5.size)
```
程序运行结果如下。

4

9.1.5 Series 数据的访问

例 9-6 Series 数据访问举例(In[14]~In[18])。

(1) 通过位置访问。

In[14]:
```
series5[0:3]
```
Out[14]:
```
北京    2.80
上海    3.01
```

```
广东    8.99
dtype: float64
```

(2) 通过标签访问。

In[15]:
```
series5['北京':'广东']
```
Out[15]:
```
北京    2.80
上海    3.01
广东    8.99
dtype: float64
```

(3) 通过 loc、iloc 进行索引。

In[16]:
```
import pandas as pd
series6 = pd.Series({'北京':2.80,'上海':3.01,'广东':8.99,'江苏':8.59})
#按行索引
series6.loc['北京']
```
Out[16]:
```
2.80
```
In[17]:
```
import pandas as pd
series7 = pd.Series({'北京':2.80,'上海':3.01,'广东':8.99,'江苏':8.59})
#按行索引
series7.loc['北京':'广东']
```
Out[17]:
```
北京    2.80
上海    3.01
广东    8.99
dtype: float64
```
In[18]:
```
import pandas as pd
series8 = pd.Series({'北京':2.80,'上海':3.01,'广东':8.99,'江苏':8.59})
#按列索引
series8.iloc[0:2]
```
Out[18]:
```
北京    2.80
上海    3.01
dtype: float64
```

9.2 DataFrame 数据结构的创建

DataFrame 是 Pandas 的基本数据结构，类似数据库中的表。DataFrame 既有行索引，又有列索引。因此，可以将 series 看成 DataFrame 中的一列，即一个 DataFrame 由若干 series 组成。

通过 pandas.DataFrame 创建 DataFrame 数据结构，其基本格式如下。

Pandas.DataFrame(data,index,dtype,columns)

其中，data 可以为列表、array 或者 dict；index 表示行索引；dtype 为数据类型；columns 代表列名或者列标签。

例 9-7 DataFrame 数据结构创建举例（In[19]～In[23]）。

（1）通过列表创建。

`In[19]`:
```
import pandas as pd
list1 = [['张三',22,'男'],['李四',23,'女'],['王五',26,'女']]
pd1 = pd.DataFrame(list1)
pd1
```
`Out[19]`:

	0	1	2
0	张三	22	男
1	李四	23	女
2	王五	26	女

在生成 DataFrame 时可以指定列名。

`In[20]`:
```
pd2 = pd.DataFrame(list1,columns = ['姓名','年龄','性别'])
pd2
```
`Out[20]`:

	姓名	年龄	性别
0	张三	22	男
1	李四	23	女
2	王五	26	女

（2）在生成 DataFrame 时同时指定 data、columns 和 index。

`In[21]`:
```
import pandas as pd
list1 = [['张三',22,'男'],['李四',23,'女'],['王五',26,'女']]
columns = ['姓名','年龄','性别']
pd3 = pd.DataFrame(list1,index,columns)
pd3
```
`Out[21]`:

	姓名	年龄	性别
0	张三	22	男
1	李四	23	女
2	王五	26	女

（3）通过字典生成 DataFrame。

`In[22]`:
```
import pandas as pd
list1 = {'姓名':['张三','李四','王五'],'年龄':[22,23,26],'性别':['男','女','女']}
pd4 = pd.DataFrame(list1)
pd4
```
`Out[22]`:

	姓名	年龄	性别
one	张三	22	男
two	李四	23	女
three	王五	26	女

(4) 通过 array 生成 DataFrame。

In[23]:
```
import pandas as pd
import numpy as np
array1 = np.array([['张三',22,'男'],['李四',23,'女'],['王五',26,'女']])
columns = ['姓名','年龄','性别']
index = ['a','b','c']
pd5 = pd.DataFrame(array1,index,columns)
pd5
```
Out[23]:

	姓名	年龄	性别
a	张三	22	男
b	李四	23	女
c	王五	26	女

9.3 DataFrame 的常用属性

例 9-8 DataFrame 常用属性举例(In[24]~In[33])。

(1) values 属性。返回 Series 对象所有元素。

In[24]:
```
pd5.values
```
Out[24]:
```
array([['张三', '22', '男'],
       ['李四', '23', '女'],
       ['王五', '26', '女']], dtype=object)
```

(2) index 属性。返回索引。

In[25]:
```
pd5.index.tolist()
```
Out[25]:
```
['a', 'b', 'c']
```

(3) dtypes 属性。返回数据类型。

In[26]:
```
pd5.dtypes
```
Out[26]:
```
姓名    object
年龄    object
性别    object
dtype: object
```

(4) shape 属性。返回数据形状。

In[27]:
```
pd5.shape
```
Out[27]:
```
(3, 3)
```

(5) ndim 属性。返回对象的维度。

In[28]:
　pd5.ndim
Out[28]:
　2

(6) size 属性。返回对象个数。

In[29]:
　pd5.size
Out[29]:
　9

(7) columns 属性。返回列标签。

In[30]:
　pd5.columns.tolist()
Out[30]:
　['姓名','年龄','性别']

(8) head 方法。返回数据集前 5 行。

In[31]:
　pd5.head()
Out[31]:

	姓名	年龄	性别
a	张三	22	男
b	李四	23	女
c	王五	26	女

(9) tail 方法。返回数据集后 5 行。

In[32]:
　pd5.tail()
Out[32]:

	姓名	年龄	性别
a	张三	22	男
b	李四	23	女
c	王五	26	女

(10) info 方法。返回数据集信息。

In[33]:
　pd5.info()
　<class 'pandas.core.frame.DataFrame'>
　Index: 3 entries, a to c
　Data columns (total 3 columns):
　 #   Column   Non-Null Count   Dtype
　--- ------   --------------   -----
　 0   姓名   3 non-null   object
　 1   年龄   3 non-null   object
　 2   性别   3 non-null   object
　dtypes: object(3)
　memory usage: 96.0+ bytes

9.4 重建索引和列名

9.4.1 重建索引

例 9-9 重建索引举例(In[34]~In[38])。

In[34]:
```
import pandas as pd
pd6 = pd.Series([4.5, 7.2, -5.3, 3.6], index = ['d', 'b', 'a', 'c'])
print(pd6)
```

程序运行结果如下。

```
d    4.5
b    7.2
a   -5.3
c    3.6
dtype: float64
```

In[35]:
```
pd7 = pd6.reindex(['a', 'b', 'c', 'd', 'e'])
pd7
```
Out[35]:
```
a   -5.3
b    7.2
c    3.6
d    4.5
e    NaN
dtype: float64
```

In[36]:
```
pd8 = pd.Series(['blue', 'purple', 'yellow'], index = [0, 2, 4])
pd8
```
Out[36]:
```
0    blue
2    purple
4    yellow
dtype: object
```

In[37]:
```
pd9 = pd8.reindex(range(6), method = 'ffill')
pd9
```
Out[37]:
```
0    blue
1    blue
2    purple
3    purple
4    yellow
5    yellow
dtype: object
```

In[38]:
```
pd10 = pd.DataFrame(np.arange(9).reshape((3, 3)),
```

```
    index = ['a', 'c', 'd'],
    columns = ['Beijing', 'Shanghai', 'Shenzhen'])
pd11 = pd10.reindex(['a', 'b', 'c', 'd'])
pd11
```
Out[38]:

	Beijing	Shanghai	Shenzhen
a	0.0	1.0	2.0
b	NaN	NaN	NaN
c	3.0	4.0	5.0
d	6.0	7.0	8.0

9.4.2 重建列名

例 9-10 重建列名举例(In[39]~In[40])。

In[39]:
```
import pandas as pd
dict1 = {'A': [1, 2, 3], 'B': [4, 5, 6]}
pd12 = pd.DataFrame(dict1)
pd12
```
Out[39]:

	A	B
0	1	4
1	2	5
2	3	6

In[40]:
```
pd12 = pd12.rename(columns = {'A': 'X', 'B': 'Y'})
pd12
```
Out[40]:

	X	Y
0	1	4
1	2	5
2	3	6

9.5 Pandas 值的查找及增、删、改操作

9.5.1 通过 loc 和 iloc 进行值的查找

例 9-11 Pandas 值的查找操作举例(In[41]~In[45])。

In[41]:
```
import numpy as np
import pandas as pd
pd13 = pd.DataFrame(np.arange(9).reshape((3, 3)),
    columns = ['Beijing', 'Shanghai', 'Shenzhen'])
# 选择第 1 行
```

```
pd13.loc[0]
```
Out[41]:

	0
Beijing	0
Shanghai	1
Shenzhen	2

In[42]:
```
import pandas as pd
pd14 = pd.DataFrame(np.arange(9).reshape((3,3)),
columns=['Beijing','Shanghai','Shenzhen'])
# 选择第 2 行,"Shanghai"列
pd14.loc[1,"Shanghai"]
```
Out[42]:
4

In[43]:
```
import pandas as pd
pd15 = pd.DataFrame(np.arange(9).reshape((3,3)),
columns=['Beijing','Shanghai','Shenzhen'])
# 选择"Beijing"列大于 2 的所有行
pd15.loc[pd15['Beijing'] > 2]
```
Out[43]:

	Beijing	Shanghai	Shenzhen
1	3	4	5
2	6	7	8

In[44]:
```
import pandas as pd
pd16 = pd.DataFrame(np.arange(9).reshape((3,3)),
columns=['Beijing','Shanghai','Shenzhen'])
# 选择第 2 列
pd17 = pd16.iloc[1]
pd17
```
Out[44]:
```
Beijing     3
Shanghai    4
Shenzhen    5
Name: 1, dtype: int32
```

In[45]:
```
import pandas as pd
pd18 = pd.DataFrame(np.arange(9).reshape((3,3)),
columns=['Beijing','Shanghai','Shenzhen'])
# 选择第 1 行,第 2 行,第 1 列,第 2 列
pd19 = pd18.iloc[:2,:2]
pd19
```
Out[45]:

	Beijing	Shanghai
0	0	1
1	3	4

9.5.2 Pandas 行列值的增加和删除操作

例 9-12 Pandas 行列值的增加和删除操作举例(In[46]~In[55])。

1. 增加行

```
In[46]:
    import pandas as pd
    # 创建一个 DataFrame
    data = {'姓名':['张红','李华','王强'],
            '年龄':[25, 30, 35],
            '城市':['北京','上海','广州']}
    pd20 = pd.DataFrame(data)
    pd20
Out[46]:
```

	姓名	年龄	城市
0	张红	25	北京
1	李华	30	上海
2	王强	35	广州

```
In[47]:
    new_record = {'姓名':'赵刚','年龄':28,'城市':'深圳'}
    # 使用 loc 索引器添加新记录
    pd20.loc[len(pd20)] = new_record
    pd20['年龄'] = pd20['年龄'].astype(int)
    pd20
Out[47]:
```

	姓名	年龄	城市
0	张红	25	北京
1	李华	30	上海
2	王强	35	广州
3	赵刚	28	深圳

2. 删除行

```
In[48]:
    import pandas as pd
    data = {'姓名':['张红','李华','王强','赵刚'],
            '年龄':[25,30,35,20],
            '城市':['北京','上海','广州','深圳']}
    pd21 = pd.DataFrame(data)
    pd21
Out[48]:
```

	姓名	年龄	城市
0	张红	25	北京
1	李华	30	上海
2	王强	35	广州
3	赵刚	28	深圳

```
In[49]:
    # 删除第 2 行
    pd21 = pd21.drop(1)
    pd21
Out[49]:
```

	姓名	年龄	城市
0	张红	25	北京
2	王强	35	广州
3	赵刚	28	深圳

3. 增加列

In[50]:
```
import pandas as pd
# 创建一个DataFrame
data = {'姓名':['张红','李华','赵丽'],
        '年龄':[25,30,35],
        '城市':['北京','上海','广州']}
pd22 = pd.DataFrame(data)
# 新增一列
new_column_data = ['男','男','女']   # 新列的数据
pd22['性别'] = new_column_data
pd22
```
Out[50]:

	姓名	年龄	城市	性别
0	张红	25	北京	男
1	王强	30	上海	男
2	赵丽	35	广州	女

4. 删除列

In[51]:
```
import numpy as np
import pandas as pd
pd23 = pd.DataFrame(np.arange(16).reshape((4,4)),
index = ['Beijing', 'Shanghai', 'Chengdu', 'Guangzhou'],
columns = ['one', 'two', 'three', 'four'])
pd23
```
Out[51]:

	one	two	three	four
Beijing	0	1	2	3
Shanghai	4	5	6	7
Chengdu	8	9	10	11
Guangzhou	12	13	14	15

In[52]:
```
pd23.drop('two', axis = 1, inplace = False)
```
Out[52]:

	one	three	four
Beijing	0	2	3
Shanghai	4	6	7
Chengdu	8	10	11
Guangzhou	12	14	15

In[53]:
```
pd23.drop(['two', 'four'], axis = 'columns', inplace = False)
```

Out[53]:

	one	three
Beijing	0	2
Shanghai	4	6
Chengdu	8	10
Guangzhou	12	14

In[54]:
  pd23 # 删除列后原数据集不变

Out[54]:

	one	two	three	four
Beijing	0	1	2	3
Shanghai	4	5	6	7
Chengdu	8	9	10	11
Guangzhou	12	13	14	15

In[55]:
  pd23.drop(['three'], axis = 'columns', inplace = True) # 当 inplace = True 时, 删除原数据集
  pd23

Out[55]:

	one	two	four
Beijing	0	1	3
Shanghai	4	5	7
Chengdu	8	9	11
Guangzhou	12	13	15

9.5.3　Pandas 行列值的索引、选择和过滤

例 9-13　Pandas 行列值的索引、选择和过滤操作举例(In[56]～In[61])。

In[56]:
```
import pandas as pd
pd24 = pd.Series(np.arange(4.), index = ['a', 'b', 'c', 'd'])
pd24['b']
```
Out[56]:
  1.0

In[57]:
  pd24['b':'c']

Out[57]:
  b 1.0
  c 2.0
  dtype:float64

In[58]:
  pd24['b':'c'] = 5
  pd24

Out[58]:
  a 0.0
  b 5.0
  c 5.0
  d 3.0
  dtype:float64

In[59]:
  import pandas as pd

```
pd25 = pd.DataFrame(np.arange(16).reshape((4, 4)),
         index = ['Beijing', 'Shanghai', 'Shenzhen', 'Guangzhou'],
         columns = ['one', 'two', 'three', 'four'])
pd25[['three', 'one']]
```
Out[59]:

	three	one
Beijing	2	0
Shanghai	6	4
Shenzhen	10	8
Guangzhou	14	12

In[60]:
```
pd25[pd25['three'] > 5]
```
Out[60]:

	one	two	three	four
Shanghai	4	5	6	7
Shenzhen	8	9	10	11
Guangzhou	12	13	14	15

In[61]:
```
pd25 < 5
pd25[pd25 < 5] = 0
pd25
```
Out[61]:

	one	two	three	four
Beijing	0	0	0	0
Shanghai	0	5	6	7
Shenzhen	8	9	10	11
Guangzhou	12	13	14	15

9.5.4 Pandas 数据的切片

例 9-14 Pandas 数据的切片操作举例(In[62]～In[67])。

In[62]:
```
import pandas as pd
data = {"Name":['Bob','Tom','John'],'Age':[18,20,21],'Sex':['male','male','female']}
pd26 = pd.DataFrame(data)
pd26
```
Out[62]:

	Name	Age	Sex
0	Bob	18	male
1	Tom	20	male
2	John	21	female

In[63]:
```
pd27 = pd26.loc[[0,2]]  # 选择第 1 行, 第 3 行
pd27
```
Out[63]:

	Name	Age	Sex
0	Bob	18	male
2	John	21	female

In[64]:
```
#选择第 2 行,第 3 行,第 1 列,第 3 列
pd28 = pd26.loc[[1,2],['name','sex']]
pd28
```
Out[64]:

	Name	Sex
1	Tom	male
2	John	female

In[65]:
```
#选择第 2 行,第 3 行,第 3 列
pd29 = pd26.iloc[[1,2],[2]]
pd29
```
Out[65]:

	Sex
1	male
2	female

In[66]:
```
#Pandas 的切片
pd30 = pd26.loc[:1,:'age']
pd30
```
Out[66]:

	Name	Age
0	Bob	18
1	Tom	20

In[67]:
```
#选择第 2 行,第 3 行,第 1 列,第 2 列
pd31 = pd26.iloc[1:,:2]
pd31
```
Out[67]:

	Name	Age
1	Tom	20
2	John	21

9.5.5 Pandas 行列值的修改

例 9-15 Pandas 行列值的修改操作举例(In[68]~In[70])。

In[68]:
```
import pandas as pd
data = {"Name":['Bob','Tom','John'],'Age':[18,20,21],'Sex':['male','male','female']}
pd32 = pd.DataFrame(data)
pd32.loc[pd32['Name'] == 'Bob','Age'] = 32
pd32
```
Out[68]:

	Name	Age	Sex
0	Bob	32	male
1	Tom	20	male
2	John	21	female

In[69]:
```
pd32.iloc[1,2] = 'female'
pd32
```
Out[69]:

	Name	Age	Sex
0	Bob	32	male
1	Tom	20	female
2	John	21	female

In[70]:
```
pd32.at[1, 'age'] = 31
pd32
```
Out[70]:

	Name	Age	Sex
0	Bob	32	male
1	Tom	31	female
2	John	21	female

9.6 Pandas 的算术和数据调整

例 9-16 Pandas 的算术和数据调整操作举例(In[71]～In[73])。

In[71]:
```
import pandas as pd
pd33 = pd.Series([7.3, -2.5, 3.4, 1.5], index=['a', 'c', 'd', 'e'])
pd34 = pd.Series([-2.1,3.6,-1.5,4,3.1],index=['a','c','e','f','g'])
pd33 + pd34
```
Out[71]:
```
a    5.2
c    1.1
d    NaN
e    0.0
f    NaN
g    NaN
dtype: float64
```

In[72]:
```
pd35 = pd.DataFrame(np.arange(9.).reshape((3, 3)), columns=list('bcd'), index=['Beijing', 'Shanghai', 'Guangzhou'])
pd36 = pd.DataFrame(np.arange(12.).reshape((4, 3)), columns=list('bde'), index=['Beijing', 'Shanghai', 'Guangzhou', 'Shenzhen'])
pd35 + pd36
```
Out[72]:

	b	c	d	e
Beijing	0.0	NaN	3.0	NaN
Guangzhou	12.0	NaN	15.0	NaN
Shanghai	6.0	NaN	9.0	NaN
Shenzhen	NaN	NaN	NaN	NaN

In[73]:
```
pd37 = pd.DataFrame({'A': [1, 2]})
pd38 = pd.DataFrame({'B': [3, 4]})
pd38 - pd37
```
Out[73]:

	A	B
0	NaN	NaN
1	NaN	NaN

9.7　Pandas 数据集的排序

例 9-17　Pandas 数据集的排序操作举例(In[74]～In[77])。

In[74]:
```
import pandas as pd
data = {"Name":['bob','tom','john'],'Age':[18,21,21],'Sex':['male','male','female']}
pd39 = pd.DataFrame(data)
pd39
```
Out[74]:

	Name	Age	Sex
0	Bob	18	male
1	Tom	21	male
2	John	21	female

In[75]:
```
#默认升序排列
pd40 = pd39.sort_values(['Age'])
pd40
```
Out[75]:

	Name	Age	Sex
0	Bob	18	male
1	Tom	21	male
2	John	21	female

In[76]:
```
#降序排列
pd41 = pd39.sort_values(['Age'],ascending = False)
pd41
```
Out[76]:

	Name	Age	Sex
1	Tom	21	male
2	John	21	female
0	Bob	18	male

In[77]:
```
#降序排列
pd42 = pd39.sort_values(['Age','Name'],ascending = False)
pd42
```
Out[77]:

	Name	Age	Sex
1	Tom	21	male
2	John	21	female
0	Bob	18	male

9.8 Pandas 数据集的聚合操作

例 9-18 Pandas 数据集的聚合操作举例（In[78]~In[85]）。

In[78]:
```
import pandas as pd
data = {'Product':['A','B','C','A','B','C','A','B','C'],
        'SaleDate':['2022-01-01','2022-01-01','2022-01-01',
                    '2022-01-02','2022-01-02','2022-01-02',
                    '2022-01-03','2022-01-03','2022-01-03'],
        'SaleAmout':[100,200,150,50,75,120,300,250,200]}
pd43 = pd.DataFrame(data)
pd43
```
Out[78]:

	Product	SaleDate	SaleAmout
0	A	2022-01-01	100
1	B	2022-01-01	200
2	C	2022-01-01	150
3	A	2022-01-02	50
4	B	2022-01-02	75
5	C	2022-01-02	120
6	A	2022-01-03	300
7	B	2022-01-03	250
8	C	2022-01-03	200

In[79]:
```
pd44 = pd43.groupby('Product')['SaleAmout'].agg(['sum','mean','max','min'])
pd44
```
Out[79]:

Product	sum	mean	max	min
A	450	150.000000	300	50
B	525	175.000000	250	75
C	470	156.666667	200	120

In[80]:
```
import pandas as pd
# 创建一个 DataFrame
data = {'Name':['Alice', 'Bob', 'Charlie'],
        'Age':[25, 30, 35],
        'Salary':[50000, 60000, 75000]}
pd45 = pd.DataFrame(data)
pd45
```
Out[80]:

```
      Name    Age   Salary
0     Alice    25    50000
1      Bob     30    60000
2    Charlie   35    70000
```

In[81]:
```python
# 计算 'Age' 列的平均值
average_age = pd45['Age'].mean()
print("平均年龄:", average_age)
```

程序运行结果如下。

平均年龄: 30.0

In[82]:
```python
# 计算 'Salary' 列的总和
total_salary = pd45['Salary'].sum()
print("总薪水:", total_salary)
```

程序运行结果如下。

总薪水: 185000

In[83]:
```python
# 计算 'Age' 列的最小和最大值
min_age = pd45['Age'].min()
max_age = pd45['Age'].max()
print("最小年龄:", min_age)
print("最大年龄:", max_age)
```

程序运行结果如下。

最小年龄: 25
最大年龄: 35

In[84]:
```python
# 计算每列非空元素的数量
count_per_column = pd45.count()
print("每列非空元素的数量:")
print(count_per_column)
```

程序运行结果如下。

```
每列非空元素的数量:
Name      3
Age       3
Salary    3
dtype: int64
```

In[85]:
```python
# 生成描述性统计信息
summary_stats = pd45.describe()
print("描述性统计信息:")
print(summary_stats)
```

程序运行结果如下。

描述性统计信息：
```
              Age         Salary
count         3.0         3.000000
mean          30.0        61666.666667
std           5.0         12583.057392
min           25.0        50000.000000
25 %          27.5        55000.000000
50 %          30.0        60000.000000
75 %          32.5        67500.000000
max           35.0        75000.000000
```

9.9 缺失值的处理

9.9.1 查找缺失值

Python 通过 isna() 和 isnull() 这两个方法来检查数据中的缺失值。它们返回一个布尔型的 DataFrame，其中缺失值的位置为 True，非缺失值的位置为 False。

例 9-19 使用 isna() 或 isnull() 寻找缺失值(In[86])。

In[86]:
```
import pandas as pd
data = {'A': [None, 2, None, 4],
        'B': [None, 2, 3, None]}
df = pd.DataFrame(data)
df.isna()
```
Out[86]:

	A	B
0	True	True
1	False	False
2	True	False
3	False	True

9.9.2 统计缺失值

通过 sum() 并结合 isna() 或 isnull() 统计缺失值的数量。

例 9-20 使用 sum() 方法统计缺失值数量(In[87])。

In[87]:
```
import pandas as pd
data = {'A': [1, 2, None, 4],
        'B': [None, 6, 7, 8]}
df = pd.DataFrame(data)
df.isnull().sum()
```
Out[87]:
```
A    1
B    1
dtype: int64
```

9.9.3 处理缺失值

（1）如果缺失值的数量很少，则可以直接删除这些数据。Python 使用 dropna()方法删除具有缺失值的行或列。

例 9-21 使用 dropna()方法删除含缺失值的行(In[88])。

In[88]:
```
import pandas as pd
df = pd.DataFrame({'One': [1, None, 3, 4], 'Two': [None, 5, None, 8]})
df = df.dropna()
df
```
Out[88]:

	One	Two
3	4.0	8.0

例 9-22 使用 dropna()方法删除含缺失值的列(In[89]～In[90])。

In[89]:
```
import pandas as pd
df = pd.DataFrame({'One': [1, None, 3, 4], 'Two': [None, 5, None, 8],'Three': [3, 5, 6, 8]})
print(df)
df = df.dropna(axis = 1)
print(df)
```

程序运行结果如下。

	One	Three
0	1.0	3
1	NaN	5
2	3.0	6
3	4.0	8

	Three
0	3
1	5
2	6
3	8

例 9-23 使用 dropna()方法删除含所有值均缺失的列(In[90]、In[91])。

In[90]:
```
import pandas as pd
import numpy as np
pd46 = pd.DataFrame({'A':[1,2,np.nan,4,5],'B':[1,2,3,np.nan,5], 'C':[np.nan,np.nan,np.nan,np.nan,np.nan]})
```
In[91]:
```
pd46.dropna(axis = 1,how = 'all',inplace = False)
```
Out[91]:

	A	B
0	1.0	1.0
1	2.0	2.0

	2	NaN	3.0
	3	4.0	NaN
	4	5.0	5.0

例 9-24 使用 dropna()方法删除含所有值均缺失的行(In[92])。

In[92]:
```
import pandas as pd
import numpy as np
pd47 = pd.DataFrame({'A':[1,np.nan,np.nan,4,5],'B':[1,np.nan,3,np.nan,5],'C':[np.nan,np.nan,np.nan,np.nan,np.nan]})
pd48 = pd47.dropna(axis = 0,how = 'all',inplace = False)
pd48
```
Out[92]:

	A	B	C
0	1.0	1.0	NaN
2	NaN	3.0	NaN
3	4.0	NaN	NaN
4	5.0	5.0	NaN

(2) 如果缺失值的数量较多,则可以使用众数来填充缺失值。众数是指在一组数据中出现频率最高的数。

例 9-25 使用众数对缺失值进行填充(In[93]～In[95])。

In[93]:
```
import pandas as pd
data = {'A': [1, 2, 3, 3, None, None, 7],
        'B': [5, 6, None, 8, 9, 5, 11]}
pd49 = pd.DataFrame(data)
pd49
```
Out[93]:

	A	B
0	1.0	5.0
1	2.0	6.0
2	3.0	NaN
3	3.0	8.0
4	NaN	9.0
5	NaN	5.0
6	7.0	11.0

In[94]:
```
# 计算每列的众数
modes = pd49.mode().iloc[0]
modes
```
Out[94]:
```
A    3.0
B    5.0
Name: 0, dtype: float64
```

In[95]:
```
# 用众数填充缺失值
Pd50 = pd49.fillna(modes)
```

```
Pd50
```
Out[95]:

	A	B
0	1.0	5.0
1	2.0	6.0
2	3.0	5.0
3	3.0	8.0
4	3.0	9.0
5	3.0	5.0
6	7.0	11.0

(3) 使用 imputer() 方法将缺失值填充为固定值。

例 9-26 使用 imputer() 方法对缺失值进行填充(In[96])。

In[96]:
```
from sklearn.impute import SimpleImputer
import numpy as np
X = np.array([[1, 5, np.nan],
    [3, np.nan, 4],
    [np.nan, 4, 8],
    [8, 9, 9]])
imputer = SimpleImputer(strategy = 'mean')
X_i = imputer.fit_transform(X)
X_i
```
Out[96]:
```
np.array([[ 1.   5.   7. ]
    [ 3.   6.   4. ]
    [ 4.   4.   8. ]
    [ 8.   9.   9. ]])
```

例 9-27 使用均值对缺失值进行填充(In[97]～In[99])。

In[97]:
```
import pandas as pd
data = {'A': [1, 2, 3, 4, None, None, 7],
        'B': [5, 6, None, 8, 9, 10, 11]}
pd51 = pd.DataFrame(data)
pd51
```
Out[97]:

	A	B
0	1.0	5.0
1	2.0	6.0
2	3.0	NaN
3	3.0	8.0
4	NaN	9.0
5	NaN	5.0
6	7.0	11.0

In[98]:
```
# 计算每列的均值
means = pd51.mean()
means
```
Out[98]:

```
A    3.400000
B    8.166667
dtype: float64
```
In[99]:
```
# 用均值填充数值型列的缺失值
pd52 = pd51.fillna(means)
pd52
```
Out[99]:

	A	B
0	1.0	5.000000
1	2.0	6.000000
2	3.0	8.166667
3	4.0	8.000000
4	3.4	9.000000
5	3.4	10.000000
6	7.0	11.000000

（4）使用 fillna()方法将缺失值填充为固定值。

例 9-28 使用 fillna()方法进行缺失值填充(In[100])。

In[100]:
```
import pandas as pd
df = pd.DataFrame({'A': [1, 4, np.nan, 4],
                   'B': [5, np.nan, 7, 9],
                   'C': [np.nan, 10, 11, 12]})
df_filled = df.fillna(df.mean())
print(df_filled)
```

程序运行结果如下。

	A	B	C
0	1.0	5.0	11.0
1	4.0	7.0	10.0
2	3.0	7.0	11.0
3	4.0	9.0	12.0

（5）使用 bfill()和 ffill()方法进行缺失值填充。

在 Pandas 中，bfill()和 ffill()是两种常用的缺失值填充方法。这两种方法可以通过 method 参数来指定，其中 ffill()是默认的填充方法。

bfill(backward fill)：用缺失值之后的第一个非缺失值进行填充。

ffill(forward fill)：用缺失值之前的第一个非缺失值进行填充。

例 9-29 间接使用 bfill()和 ffill()方法进行缺失值填充(In[101]～In[102])。

In[101]:
```
import numpy as np
df = pd.DataFrame([[np.nan, 2, np.nan, 0],
                   [3, 4, np.nan, 1],
                   [np.nan, np.nan, np.nan, np.nan],
                   [np.nan, 3, np.nan, 4]],
                  columns = np.array(['one','two','three','four']))
print("原数据:")
```

```python
print(df)
df_filled = df.fillna(method = 'ffill')
print("用前面的数据填充:")
print(df_filled)
df_filled = df.fillna(method = 'bfill')
print("用后面的数据填充:")
print(df_filled)
```

程序运行结果如下。

原数据:

	one	two	three	four
0	1.0	5.0	NaN	0.0
1	4.0	7.0	NaN	1.0
2	NaN	NaN	NaN	NaN
3	NaN	3.0	NaN	4.0

用前面的数据填充:

	one	two	three	four
0	NaN	2.0	NaN	0.0
1	3.0	4.0	NaN	1.0
2	3.0	4.0	NaN	1.0
3	3.0	3.0	NaN	4.0

用后面的数据填充:

	one	two	three	four
0	3.0	2.0	NaN	0.0
1	3.0	4.0	NaN	1.0
2	NaN	3.0	NaN	4.0
3	NaN	3.0	NaN	4.0

例 9-30 直接使用 bfill()方法和 ffill()方法进行缺失值填充(In[102]~In[104])。

In[102]:
```python
import numpy as np
import pandas as pd
df = pd.DataFrame({'A':[1,2,np.nan,4,5],'B':[1,2,3,np.nan,5]})
df
```
Out[102]:

	A	B
0	1.0	1.0
1	2.0	2.0
2	NaN	3.0
3	4.0	NaN
4	5.0	5.0

In[103]:
```python
df = df.bfill()
df
```
Out[103]:

	A	B
0	1.0	1.0
1	2.0	2.0
2	4.0	3.0
3	4.0	5.0
4	5.0	5.0

In[104]:
```
df = df.ffill()
df
```
Out[104]:

	A	B
0	1.0	1.0
1	2.0	2.0
2	2.0	3.0
3	4.0	3.0
4	5.0	5.0

9.10 函数应用与映射

例 9-31 函数的应用和映射操作(In[105]~In[108])。

In[105]:
```
import pandas as pd
pd53 = pd.DataFrame(np.random.randn(4, 3), columns = list('bde'),
    index = ['Beijing', 'Guangzhou', 'Shanghai', 'Shenzhen'])
np.abs(pd53)
```
Out[105]:

	b	d	e
Beijing	0.248780	0.303401	0.044362
Guangzhou	0.613944	0.576699	0.476956
Shanghai	0.219670	0.684302	1.303535
Shenzhen	0.053676	1.279388	0.046908

In[106]:
```
f = lambda x: x.max() - x.min()
pd53.apply(f)
```
Out[106]:
```
b    0.862723
d    1.963689
e    1.350442
dtype: float64
```

In[107]:
```
pd53.apply(f, axis = 'columns')
```
Out[107]:
```
Beijing      0.552181
Guangzhou    1.090899
Shanghai     1.987836
Shenzhen     1.333064
dtype: float64
```

In[108]:
```
frame = pd.DataFrame(np.random.randn(4,3),columns = list('bde'),
       index = ['utah','ohio','texas','oregon'])
def f(x):
    return pd.Series([x.min(), x.max()], index = ['min', 'max'])
frame.apply(f)
```
Out[108]:

	b	d	e
min	-1.184556	-1.109528	-0.958913
max	0.733732	0.144793	0.776649

9.11 数据集的合并操作

例 9-32 数据集的合并操作举例(In[109]～In[120])。

1. concat()函数

In[109]:
```
import pandas as pd
pd54 = pd.DataFrame({'lkey': ['foo', 'bar', 'baz', 'foo'],
                     'value': [1, 2, 3, 5]})
pd54
```
Out[109]:

	lkey	value
0	Foo	1
1	Bar	2
2	Baz	3
3	foo	5

In[110]:
```
pd55 = pd.DataFrame({'rkey': ['foo', 'bar', 'baz', 'foo'],
                     'value': [5, 6, 7, 8]})
pd55
```
Out[110]:

	rkey	value
0	foo	5
1	bar	6
2	baz	7
3	foo	8

In[111]:
```
pd.concat([pd54, pd55]) #并集
```
Out[111]:

	lkey	value	rkey
0	foo	1	NaN
1	bar	2	NaN
2	baz	3	NaN
3	foo	5	NaN
0	NaN	5	Foo

1	NaN	6	Bar
2	NaN	7	Baz
3	NaN	8	foo

In[112]:
```python
pd.concat([pd54, pd55], join = "inner", ignore_index = True) # 交集
```
Out[112]:

	value
0	1
1	2
2	3
3	5
4	5
5	6
6	7
7	8

In[113]:
```python
pd.concat([pd54, pd55], join = "outer")
```
Out[113]:

	lkey	value	rkey
0	foo	1	NaN
1	bar	2	NaN
2	baz	3	NaN
3	foo	5	NaN
0	NaN	5	Foo
1	NaN	6	Bar
2	NaN	7	Baz
3	NaN	8	foo

2. merge()函数

In[114]:
```python
import pandas as pd
pd56 = pd.DataFrame({'编号':['mr001','mr002','mr003'],
                     '语文':[110,105,109],
                     '数学':[105,88,120],'英语':[99,115,130]})
pd56
```
Out[114]:

	编号	语文	数学	英语
0	mr001	110	105	99
1	mr002	105	88	115
2	mr003	109	120	130

In[115]:
```python
import pandas as pd
pd57 = pd.DataFrame({'编号':['mr001','mr002','mr003','mr004'],'体育':[34.5,39.7,38,45]})
pd57
```
Out[115]:

	编号	体育
0	mr001	34.5
1	mr002	39.7
2	mr003	38.0
3	mr004	45.0

In[116]:
```
pd58 = pd.merge(pd56,pd57,on = '编号')
pd58
```
Out[116]:

	编号	语文	数学	英语	体育
0	mr001	110	105	99	34.5
1	mr002	105	88	115	39.7
2	mr003	109	120	130	38.0

In[117]:
```
pd59 = pd.merge(pd56,pd57)
pd59
```
Out[117]:

	编号	语文	数学	英语	体育
0	mr001	110	105	99	34.5
1	mr002	105	88	115	39.7
2	mr003	109	120	130	38.0

In[118]:
```
pd60 = pd.merge(pd56,pd57,on = '编号',how = 'left')
pd60
```
Out[118]:

	编号	语文	数学	英语	体育
0	mr001	110	105	99	34.5
1	mr002	105	88	115	39.7
2	mr003	109	120	130	38.0

In[119]:
```
pd61 = pd.merge(pd56,pd57,on = '编号',how = 'right')
pd61
```
Out[119]:

	编号	语文	数学	英语	体育
0	mr001	110	105	99	34.5
1	mr002	105	88	115	39.7
2	mr003	109	120	130	38.0
3	mr004	NaN	NaN	NaN	45.0

In[120]:
```
pd62 = pd.merge(pd56,pd57,on = '编号',how = 'outer')
pd62
```
Out[120]:

	编号	语文	数学	英语	体育
0	mr001	110	105	99	34.5
1	mr002	105	88	115	39.7
2	mr003	109	120	130	38.0
3	mr004	NaN	NaN	NaN	45.0

9.12 日期和时间的处理

例 9-33 日期和时间处理操作举例（In[121]～In[125]）。

（1）date 基本信息的获取。

Python 提供了 datatime 库，用于处理与日期和时间相关的信息，包括 datetime、data 和 time 类型。

In[121]：
```
from datetime import datetime,date,time
dt = datetime(2022,12,20,20,30,50)
print(dt)
print(dt.year)
print(dt.month)
print(dt.day)
print(dt.hour)
print(dt.minute)
print(dt.second)
print(dt.date())
print(dt.time())
```

程序运行结果如下。

```
2022-12-20 20:30:50
2022
12
20
20
30
50
2022-12-20
20:30:50
```

（2）通过 strftime 将 datetime 转换为字符串。

In[122]：
```
from datetime import datetime
dt = datetime(2022,12,20,20,30,50)
dt1 = dt.strftime('%Y/%m/%d,%H:%M:%S')
print(dt1)
```

程序运行结果如下。

2022/12/20,20:30:50

（3）通过 strptime 函数将字符串转换为 datatime 对象。

In[123]：
```
from datetime import datetime
dt2 = datetime.strptime('20221220203050','%Y%m%d%H%M%S')
print(dt2)
```

程序运行结果如下。

2022-12-20 20:30:50

```
In[124]:
    import pandas as pd
    import numpy as np
    dates = pd.date_range('2023-01-01',periods = 5)
    ts = pd.Series(np.random.randn(len(dates)),dates)
    ts
Out[124]:
    2023-01-01     0.200033
    2023-01-02     0.721475
    2023-01-03    -0.023629
    2023-01-04    -0.721480
    2023-01-05    -1.246924
    Freq: D, dtype: float64
In[125]:
    import pandas as pd
    # 创建一个包含5天的日期范围,起始日期为 '2023-01-01'
    date_range = pd.date_range('2023-01-01', periods = 5, freq = 'D')
    print(date_range)
```

程序运行结果如下。

```
DatetimeIndex(['2023-01-01', '2023-01-02', '2023-01-03', '2023-01-04',
               '2023-01-05'],
              dtype = 'datetime64[ns]', freq = 'D')
```

习题 9

本书提供在线测试习题,扫描下面的二维码,可以获取本章习题。

在线测试

第 10 章

办公自动化

CHAPTER 10

Python 办公自动化应用包括使用 Python 的 Pandas 框架与 Excel 交互,以及 Python 与 Excel、Word、PowerPoint、PDF 等文件的交互。

10.1 使用 Pandas 处理 Excel 表

使用 Python 的 Pandas 框架与 Excel 交互,利用 Pandas 强大的数据分析和处理能力对 Excel 表进行数据的分析和处理,可以起到和 Excel 表同样的数据处理效果。下面通过一个项目案例的形式对 Pandas 处理 Excel 表进行介绍。

项目的数据来源为一个学生成绩表,包括编号、学号、平时成绩、期末成绩和总评成绩 5 个数据项。

10.1.1 Excel 数据表的导入

例 10-1 数据表的导入和显示举例(In[1]~In[2])。

现在将硬盘上的一个学生成绩表.xlsx 导入 Jupyter 程序并通过 Pandas 打开,程序段如下:

In[1]:
```
import pandas as pd
#通过 pandas 读取 Excel
students = pd.read_Excel('学生成绩表.xlsx')
#打印 Excel 表
print(students)
```

程序运行结果如下。

```
    no  student_no  score1  score2  totle_score
0    1     2018_001      48      48           48
1    2     2018_002      56      32           42
2    3     2018_003      43      32           36
3    4     2018_004      78      78           78
4    5     2018_005      85      60           70
..  ...        ...     ...     ...          ...
90  91     2018_091      20      16           18
91  92     2018_092      69      54           60
92  93     2018_093      61      76           70
93  94     2018_094      56      26           38
94  95     2018_095      66      70           68
[95 rows x 5 columns]
```

输出结果中显示一共有 95 行数据,仅显示前 5 行和后 5 行的数据。

10.1.2 显示 Excel 表的内容

In[2]:
```
#显示 pandas 表的形状
print(students.shape)
#显示 pandas 表的列
print(students.columns)
#显示 pandas 表的前 5 行
print(students.head(5))
#显示 pandas 表的后 3 行
```

```
print(students.tail(3))
```

程序运行结果如下。

```
(95, 5)
Index(['no', 'student_no', 'score1', 'score2', 'totle_score'], dtype = 'object')
   no  student_no  score1  score2  totle_score
0   1    2018_001      48      48           48
1   2    2018_002      56      32           42
2   3    2018_003      43      32           36
3   4    2018_004      78      78           78
4   5    2018_005      85      60           70
    no  student_no  score1  score2  totle_score
92  93    2018_093      61      76           70
93  94    2018_094      56      26           38
94  95    2018_095      66      70           68
```

10.1.3 Excel 表数据的修改

例 10-2 Excel 表数据内容的修改举例(In[3]～In[4])。

（1）修改 Excel 表。

在 Pandas 环境下，如要修改某个单元格，则可以通过索引列名得到单元格。如果要将 Excel 表中的第 1 行、score1 列的 56 修改为 78，则可以使用如下程序段来实现。

In[3]：
```
import pandas as pd
students = pd.read_Excel('学生成绩表.xlsx')
students['score1'].at[1] = 78
# 也可以用以下两种方法进行修改
# students.loc[1,'score1'] = 78 # 列名索引
# students.iloc[1,2] = 78 # 下标索引
print(students)
```

程序运行结果如下。

```
    no  student_no  score1  score2  totle_score
0    1    2018_001      48      48           48
1    2    2018_002      78      32           42
2    3    2018_003      43      32           36
3    4    2018_004      78      78           78
4    5    2018_005      85      60           70
..  ..         ...     ...     ...          ...
90  91    2018_091      20      16           18
91  92    2018_092      69      54           60
92  93    2018_093      61      76           70
93  94    2018_094      56      26           38
94  95    2018_095      66      70           68
[95 rows x 5 columns]
```

可以看到 score1 列下面第一行的值已经由 56 修改为 78。

（2）在 Excel 表中追加一个学生的成绩。

In[4]：
```
import pandas as pd
```

```
students = pd.read_Excel('学生成绩表.xlsx')
#追加的学生记录
student1 = {'no':96,'student_no':'2018_096','score1':90,'score2':92,'totle_score':91}
index = ['95']
s1 = pd.DataFrame(student1,index)
#将记录追加到 students 表
student2 = pd.concat([students, s1],axis = 0, ignore_index = True)
print(student2)
#将追加记录后的 student2 写入 Excel 表
student2.to_Excel('学生成绩表 1.xlsx')
student3 = pd.read_Excel('学生成绩表 1.xlsx')
```

程序运行结果如下。

	no	student_no	score1	score2	totle_score
0	1	2018_001	48	48	48
1	2	2018_002	56	32	42
2	3	2018_003	43	32	36
3	4	2018_004	78	78	78
4	5	2018_005	85	60	70
...	...	...	...	...	...
91	92	2018_092	69	54	60
92	93	2018_093	61	76	70
93	94	2018_094	56	26	38
94	95	2018_095	66	70	68
95	96	2018_096	90	92	91

[96 rows x 5 columns]

10.1.4　表格数据的计算和统计

例 10-3　表格数据的计算和统计举例(In[5]～In[8])。

1. 针对整列数据的操作

下面举例说明如何对 Excel 表格中的数据做统计分析。首先新增一列 score,然后将 Excel 表中的数据列 score1 乘以 0.4 加上 score2 列数据乘以 0.6 填入新增列。程序段如下:

In[5]:
```
import pandas as pd
students = pd.read_Excel('学生成绩表.xlsx ')
students['score'] = students['score1'] * 0.3 + students['score2'] * 0.7
print(students)
```

程序运行结果如下。

	no	student_no	score1	score2	totle_score	score
0	1	2018_001	48	48	48	48.0
1	2	2018_002	56	32	42	39.2
2	3	2018_003	43	32	36	35.3
3	4	2018_004	78	78	78	78.0
4	5	2018_005	85	60	70	67.5
...	...	...	...	...	...	...
90	91	2018_091	20	16	18	17.2
91	92	2018_092	69	54	60	58.5

92	93	2018_093	61	76	70	71.5
93	94	2018_094	56	26	38	35.0
94	95	2018_095	66	70	68	68.8

[95 rows x 6 columns]

2. 针对一列中部分数据的操作

可以仅对部分数据进行操作,如将 score2 的第 5～10 行的分数乘以 1.05。可以由以下程序实现这一功能。

In[6]:
```
import pandas as pd
students = pd.read_Excel('学生成绩表.xlsx ')
print('成绩修改前:')
for i in range(5,11):
    print(students['score2'].at[i])
for i in range(5,11):
    students['score2'].at[i] = students['score2'].at[i] * 1.05
print('成绩修改后:')
for i in range(5,11):
    print(students['score2'].at[i])
```

程序运行结果如下。

成绩修改前:
76
76
71
70
66
74
成绩修改后:
79.8
79.8
74.55
73.5
69.3
77.7

3. 针对整列中数据的统计

可以将每列的平均分做一个统计并显示在数据表的最下面,示例程序如下。

In[7]:
```
import pandas as pd
students = pd.read_Excel('学生成绩表.xlsx ')
students_part = students[['score1','score2','totle_score']].mean()
student1 = {'score1':students_part[0],'score2':students_part[1],'totle_score':students_part[2]}
index = ['95']
s1 = pd.DataFrame(student1,index)
student1 = pd.concat([students, s1],axis = 0, ignore_index = False)
print(student1)
```

程序运行结果如下。

	no	student_no	score1	score2	totle_score
0	1.0	2018_001	48.000000	48.000000	48.000000
1	2.0	2018_002	56.000000	32.000000	42.000000
2	3.0	2018_003	43.000000	32.000000	36.000000
3	4.0	2018_004	78.000000	78.000000	78.000000
4	5.0	2018_005	85.000000	60.000000	70.000000
...	...	...	...	...	...
91	92.0	2018_092	69.000000	54.000000	60.000000
92	93.0	2018_093	61.000000	76.000000	70.000000
93	94.0	2018_094	56.000000	26.000000	38.000000
94	95.0	2018_095	66.000000	70.000000	68.000000
95	NaN	NaN	74.926316	65.284211	69.189474

4. 针对一行中数据的统计

如果针对每行进行统计,则仅需设置 axis 为 1 即可,示例程序如下。

In[8]:
```python
import pandas as pd
students = pd.read_Excel('学生成绩表.xlsx ')
students_part = students[['score1','score2','totle_score']]
students_average = students_part.mean(axis = 1)
students_sum = students_part.sum(axis = 1)
students['totle'] = students_sum
students['average'] = students_average
print(students)
```

程序运行结果如下。

	no	student_no	score1	score2	totle_score	totle	average
0	1	2018_001	48	48	48	144	48.000000
1	2	2018_002	56	32	42	130	43.333333
2	3	2018_003	43	32	36	111	37.000000
3	4	2018_004	78	78	78	234	78.000000
4	5	2018_005	85	60	70	215	71.666667
...	...	...	...	...	...	...	...
90	91	2018_091	20	16	18	54	18.000000
91	92	2018_092	69	54	60	183	61.000000
92	93	2018_093	61	76	70	207	69.000000
93	94	2018_094	56	26	38	120	40.000000
94	95	2018_095	66	70	68	204	68.000000

[95 rows x 7 columns]

10.1.5 表格数据的筛选

例 10-4 表格数据的筛选举例(In[9])。

表格的筛选就是筛选出符合条件的记录。例如,在上述学生成绩信息表中,筛选出总成绩在 90 分及以上的记录,示例程序如下。

In[9]:
```python
import pandas as pd
students = pd.read_Excel('学生成绩表.xlsx ')
def find_middle(score):
```

```
        return 90 <= score <= 100
students = students.loc[students['totle_score'].apply(find_middle)]
print(students)
```

程序运行结果如下。

```
    no  student_no  score1  score2  totle_score
34  35  2018_035    94      95      95
35  36  2018_036    91      89      90
36  37  2018_037    79      97      90
```

10.1.6 表格数据作图

通过表格数据作图,能直观展示数据的大小、形状,为决策提供数据支持。

例 10-5 表格数据作图举例(In[10]~In[12])。

1. 柱状图

在上述学生成绩信息表中,为增加图形的清晰度,仅选取前 10 个同学的成绩进行展示,按成绩大小显示学生成绩的柱状图,示例程序如下。

```
In[10]:
import pandas as pd
import matplotlib.pyplot as plt
students = pd.read_Excel('学生成绩表 2.xlsx ')
students.sort_values(by = 'score3', inplace = True, ignore_index = False, ascending = False)
plt.bar(students['student_no'], students['score3'], color = 'red')
plt.rcParams['font.sans-serif'] = ['SimHei']  #用来正常显示中文标签
plt.xticks(students['student_no'], rotation = 'vertical', fontsize = 12) #字体 12 号,90°呈现
plt.yticks(fontsize = 12)
plt.xlabel('学号', fontsize = 12)
plt.ylabel('成绩', fontsize = 12)
plt.show()
```

程序运行后输出如图 10-1 所示的学生成绩分布图。

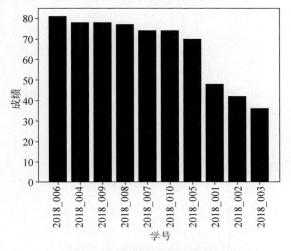

图 10-1 学生成绩分布示意图

2. 叠加柱状图

In[11]:
```
import pandas as pd
import matplotlib.pyplot as plt
students = pd.read_Excel('学生成绩表 2.xlsx ')
students['totle'] = students['score1'] + students['score2'] + students['score3']
students.sort_values(by = 'totle',inplace = True,ignore_index = False,ascending = False)
students.plot.bar(x = 'student_no',y = ['成绩 1','成绩 2','成绩 3'],stacked = True)
plt.show()
```

程序运行后输出如图 10-2 所示的学生成绩分布柱状图。

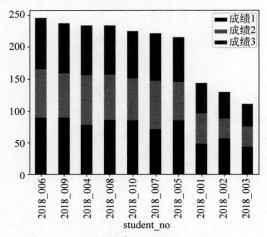

图 10-2 学生成绩分布柱状图

3. 相关性分析

In[12]:
```
import pandas as pd
students = pd.read_Excel('学生成绩表 2.xlsx ')
print(students.corr())
```

程序运行结果如下。

```
              no       score1    score2    score3
no       1.000000    0.791025  0.658883  0.748143
score1   0.791025    1.000000  0.821911  0.936391
score2   0.658883    0.821911  1.000000  0.969381
score3   0.748143    0.936391  0.969381  1.000000
```

🔑 10.2 xlwings 库

Python 能够处理 Excel 的第三方库有很多，如 xlrd、xlwt、xlutils、XlsxWriter、xlwings 以及 openpyxl 等，xlwings 是其中的优秀代表。本节我们以 xlwings 模块为例对 Python 操作 Excel 文件进行介绍。xlwings 的层次结构如图 10-3 所示。

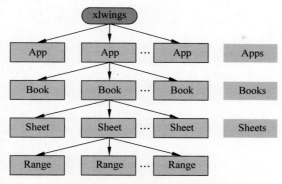

图 10-3 xlwings 的层次结构

xlwings 模块的安装方法与 Matplotlib 模块类似,可使用 pip 命令下载并安装 Python 包。在命令行按 Win+R 组合键打开"运行"对话框,输入"cmd",然后单击"确定"按钮打开命令提示符窗口,输入以下命令下载并安装 xlwings 模块。

```
pip install xlwings
```

10.2.1 创建 App 对象

例 10-6 App 对象的创建举例(In[13]～In[14])。

In[13]:
```
# 导入 xlwings 包
import xlwings as xw
# 创建 App 应用对象
app1 = xw.App(visible = True,add_book = False)
# 为提高运行速度,关闭提示信息
app1.display_alters = False
# 显示工作表的内容
app1.screen_updating = True
# 增加工作簿
wb = app1.books.add()
# 选中工作表
sheet1 = wb.sheets.active
wb.close()
app1.kill()
```
In[14]:
```
import xlwings as xw
app1 = xw.App()
pid1 = app1.pid
print(pid1)
# 创建第二个 App 应用对象
app2 = xw.App()
pid2 = app2.pid
print(pid2)
# 创建第三个 App 应用对象
app3 = xw.App()
pid3 = app3.pid
print(pid3)
app = xw.apps(pid1)
```

```
app.activate()
wb = app.books.add()
sht1 = wb.sheets['sheet1']
sht1.range('A1').value = 'hello world!'
wb.save()
wb.close()
app1.kill()
app2.kill()
app3.kill()
```

程序运行结果如下。

```
572
12948
1908
```

这段程序使用 xlwings 模块创建三个 Excel 应用程序,并打印出该三个应用程序的进程 ID。

10.2.2 创建 Book 对象

xlwings 的操作逻辑:应用(App)→工作簿(book)→工作表(sheet)→范围(range)。
xlwings 创建 Excel book 对象有三种方式,具有不同的功能和用途。

例 10-7 book 对象的创建举例(In[15]~In[17])。

In[15]:
```
#方法 1,以绝对路径打开 xlsx 文件
import xlwings as xw
app = xw.App(visible = True,add_book = False)
filepath = r'D:\Excel 案例\test.xlsx'
wb = app.books.open(filepath)
wb.close()
app.kill()
```

In[16]:
```
#方法 2,在当前工作目录下新建一个 workbook
import xlwings as xw
app = xw.App(visible = True,add_book = False)
wb = app.books.add()
wb.close()
app.kill()
```

In[17]:
```
#方法 3,在当前工作目录下打开一个新的 workbook
import xlwings as xw
app = xw.App(visible = True,add_book = False)
wb = app.books.open('学生成绩表.xlsx')
wb.close()
app.kill()
```

10.2.3 创建 sheet 对象

例 10-8 sheet 对象的创建举例(In[18]~In[22])。
Excel 在一个 workbook 下可以创建多个 sheets 对象,创建的方式如下。

In[18]:
```
import xlwings as xw
app = xw.App(visible = True,add_book = False)
wb = app.books.add()
new_sheet = wb.sheets.add(name = 'sheet2',before = 'sheet1')
sheets = wb.sheets
for sheet in sheets:
    print(sheet.name)
wb.close()
app.kill()
```

程序运行结果如下。

```
sheet2
sheet1
```

引用工作表,可以使用以下几种方法。

In[19]:
```
♯通过工作表名或者工作表
import xlwings as xw
wb = xw.Book()
sht = wb.sheets('sheet1')
wb.close()
```
In[20]:
```
♯根据序号获取工作表
import xlwings as xw
wb = xw.Book()
sht = wb.sheets(1)
wb.close()
```
In[21]:
```
♯获取当前活动的工作表
import xlwings as xw
wb = xw.Book()
sht = wb.sheets.active
wb.close()
```

对工作表的使用举例说明如下。

In[22]:
```
import xlwings as xw
♯创建 App 应用对象
app1 = xw.App(visible = True,add_book = False)
app1.display_alters = False
app1.screen_updating = False
filepath = r'D:\Excel 案例\test.xlsx'
wb = app1.books.open(filepath)
sht1 = wb.sheets.add('sheet4',after = 'sheet1')
sht2 = wb.sheets.add('sheet5',before = 'sheet2')
filepath = r'D:\Excel 案例\test1.xlsx'
wb.save(filepath)
wb.close()
app1.kill()
```

10.2.4 range 对象操作

例 10-9 range 对象操作举例(In[23]～In[24])。

1. 单元格内容的读取

sheet 通过 range 对象直接访问 Excel 的单元格,在 test.xlsx 的 Sheet1 中写入如图 10-4 所示的内容。

In[23]:
```
import xlwings as xw
app1 = xw.App(visible = True,add_book = False)
app1.display_alters = False
app1.screen_updating = False
filepath = r'D:\Excel案例\test.xlsx'
wb = app1.books.open(filepath)
sheet1 = wb.sheets['sheet1']
rang1 = sheet1.range('B2').value
rang2 = sheet1.range((2,2)).value
rang3 = sheet1.range('B2:D4').options(ndim = 2).value
rang4 = sheet1.range((2,2),(4,4)).options(ndim = 2).value
print(rang1)
print(rang2)
print(rang3)
print(rang4)
wb.close()
app1.kill()
```

A	B	C	D
no	student_no	score1	score2
1	2018_001	48	48
2	2018_002	56	32
3	2018_003	43	32
4	2018_004	78	78
5	2018_005	85	60
6	2018_006	89	76
7	2018_007	71	76
8	2018_008	86	71

图 10-4 写入单元格的内容

程序运行结果如下。

```
2018_001
2018_001
[['2018_001', 48.0, 48.0], ['2018_002', 56.0, 32.0], ['2018_003', 43.0, 32.0]]
[['2018_001', 48.0, 48.0], ['2018_002', 56.0, 32.0], ['2018_003', 43.0, 32.0]]
```

2. 单元格内容的写入

以下程序先创建一个 xlsx 文件,在其中写入内容后导入 test2.xlsx。

In[24]:
```
#引用单元格区域操作
import xlwings as xw
app1 = xw.App(visible = True,add_book = False)
app1.display_alters = False
app1.screen_updating = False
wb =  app.books.add()
sheet1 = wb.sheets['sheet1']
#单个单元格填充
sheet1.range('B1').value = 'Python'
#多个单元格填充
sheet1.range('C1').value = ['hello','world','Python']
#按列方向填充
sheet1.range('A1').options(transpose = True).value = ['hello','world','Python']
sheet1.range('B2').options(expand = 'table').value = [(45,56,78),(100,200,300)]
filepath = r'D:\Excel案例\test2.xlsx'
wb.save(filepath)
wb.close()
app1.kill()
```

打开 test2.xlsx，显示如图 10-5 所示的工作表内容。

10.2.5 单元格扩展

通过使用 expand 函数，扩展单元格内容。

例 10-10 单元格扩展操作举例（In[25]）。

In[25]:
```
import xlwings as xw
app1 = xw.App(visible = True,add_book = False)
app1.display_alters = False
app1.screen_updating = False
import xlwings as xw
wb = app1.books.add()
sheet = wb.sheets['Sheet1']
sheet['A1'].value = [['Python1', 'Python2', 'Python3'], [10.0, 20.0, 30.0]]
#单元格扩展
sheet1 = sheet['A1'].expand().value
filepath = r'D:\Excel 案例\test3.xlsx'
wb.save(filepath)
wb.close()
app1.kill()
```

程序运行后，在 test3.xlsx 中添加的内容如图 10-6 所示。

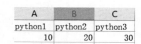

图 10-5 工作表中写入的内容　　　　图 10-6 单元扩展后添加的内容

10.2.6 单元格其他格式设置

例 10-11 单元格格式设置操作举例（In[26]～In[30]）。

1. 单元格的基本设置

将单元格 B2 至单元格 B5 合并，设置单元格 A1 的颜色为红色，字体为宋体，字号为 16 号，程序代码如下。

In[26]:
```
import xlwings as xw
app1 = xw.App(visible = True,add_book = False)
app1.display_alters = False
app1.screen_updating = False
filepath = r'D:\Excel 案例\test.xlsx'
wb = app1.books.open(filepath)
sheet1 = wb.sheets['sheet1']
rang1 = sheet1.range('A2:C2')
rang1.color = 255,180,0                    #设置填充的颜色
rang1.api.Font.ColorIndex = 3              #设置字体的颜色
```

```
rang1.api.Font.Size = 16              #设置字体的大小
rang1.api.Font.Name = '宋体'           #设置字体
rang1.api.Font.Bold = True             #设置粗字体
#水平居中:-4108,靠左:-4131,靠右:-4152
rang1.api.HorizontalAlignment = -4108
#垂直居中:-4108,靠上:-4160,靠下:-4107,自动换行对齐:-4130
rang1.api.VerticalAlignment = -4130
rang1.api.NumberFormat = "0.0"
filepath = r'D:\Excel 案例\test4.xlsx'
wb.save(filepath)
wb.close()
app1.kill()
```

程序运行后,test4.xlsx 中增加的内容如图 10-7 所示。

2. 单元格边框的设置

图 10-7 单元格格式设置

```
In[27]:
    import xlwings as xw
    app1 = xw.App(visible = True,add_book = False)
    app1.display_alters = False
    app1.screen_updating = False
    filepath = r'D:\Excel 案例\test.xlsx'
    wb = app1.books.open(filepath)
    sheet1 = wb.sheets['sheet1']
    #清空工作簿
    sheet1.clear()
    sheet1.autofit()
    #单元格边框的设置
    rang1 = sheet1.range('C2').value = ['hello','world','Python']
    rang1 = sheet1.range('C2:E2')
    #设置左边框
    rang1.api.Borders(7).LineStyle = 4      #点画线
    rang1.api.Borders(7).Weight = 3
    #设置顶边框
    rang1.api.Borders(8).LineStyle = 1      #直线
    rang1.api.Borders(8).Weight = 3
    #设置底边框
    rang1.api.Borders(9).LineStyle = 5      #双点画线
    rang1.api.Borders(9).Weight = 3
    #设置右边框
    rang1.api.Borders(10).LineStyle = 2     #虚线
    rang1.api.Borders(10).Weight = 3
    filepath = r'D:\Excel 案例\test5.xlsx'
    wb.save(filepath)
    wb.close()
    app1.kill()
```

程序运行后,在 test5.xlsx 中单元格格式边框如图 10-8 所示。

3. 行列的删除

已知 test4.xlsx 文件中 Sheet1 工作簿的内容如图 10-9 所示。

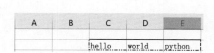

图 10-8　单元格边框设置　　　　图 10-9　原有工作表内容

现在要删除第 9 行和 D 列的内容,并将删除后的表存为 test5.xlsx,程序代码如下。

In[28]:
```
import xlwings as xw
app1 = xw.App(visible = True,add_book = False)
app1.display_alters = False
app1.screen_updating = False
filepath = r'D:\Excel 案例\test.xlsx'
wb = app1.books.open(filepath)
sheet1 = wb.sheets['sheet1']
sheet1.range('A2').api.EntireRow.Delete()
sheet1.range('B1').api.EntireColumn.Delete()
filepath = r'D:\Excel 案例\test6.xlsx'
wb.save(filepath)
wb.close()
app1.kill()
```

程序运行后,打开 test6.xlsx 工作表,其导入的内容如图 10-10 所示。

4. 单元格内容的删除

使用上述 test5.xlsx 表,用 delete()方法删除单元格 A2 的内容,结果保存到 test6.xlsx 中,程序段如下。

In[29]:
```
import xlwings as xw
app1 = xw.App(visible = True,add_book = False)
app1.display_alters = False
app1.screen_updating = False
filepath = r'D:\Excel 案例\test.xlsx'
wb = app1.books.open(filepath)
sheet1 = wb.sheets['sheet1']
#删除单元格内容后,下面的内容往上移
sheet1.range('A2').delete()
#内容清除,其余位置内容无变化
sheet1.range('B2').clear_contents()
filepath = r'C:\Excel 案例\test7.xlsx'
wb.save(filepath)
wb.close()
app1.kill()
```

程序运行后,在 test7.xlsx 中导入如图 10-11 所示的内容。

	A	B	C
	no	score1	score2
	2	56	32
	3	43	32
	4	78	78
	5	85	60
	6	89	76
	7	71	76
	8	86	71

图 10-10　经删除后的工作表内容

	A	B	C
	no	student_1	score1
	2		48
	3	2018_002	56
	4	2018_003	43
	5	2018_004	78
	6	2018_005	85
	7	2018_006	89
		2018_007	71

图 10-11　单元格内容清除后的工作表

5. 单元格行列增加

现在要在 test.xlsx 表的第 3 行和第 2 列各增加 1 行 1 列,并把修改结果保存到 test8.xlsx 中,相应的程序段如下。

```
In[30]:
    import xlwings as xw
    app1 = xw.App(visible = True,add_book = False)
    app1.display_alters = False
    app1.screen_updating = False
    filepath = r'D:\Excel 案例\test.xlsx'
    wb = app1.books.open(filepath)
    sheet1 = wb.sheets['sheet1']
    sheet1.api.Rows(3).Insert()
    sheet1.api.Columns(2).Insert()
    filepath = r'D:\Excel 案例\test8.xlsx'
    wb.save(filepath)
    wb.close()
    app1.kill()
```

程序段运行后,在 test8.xlsx 中第 3 行、第 2 列处分别增加了一行和一列,如图 10-12 所示。

	A	B	C	D	E
	no		student_n o	score1	score2
	1		2018_001	48	48
	2		2018_002	56	32
	3		2018_003	43	32
	4		2018_004	78	78
	5		2018_005	85	60
	6		2018_006	89	76
	7		2018_007	71	76
	8		2018_008	86	71

图 10-12　test8.xlsx 工作表中的内容

10.2.7　单元格自动填充

例 10-12　单元格自动填充操作举例(In[31]～In[32])。

使用 sheet 对象的 api 方法和 AutoFill 方法能实现单元格的自动填充功能。如在下面的程序段中首先在 A1、A2 单元格中分别填写 1 和 2,执行该程序段后 A1～A100 分别填上 1～100 共 100 个数据。

In[31]:
```
import xlwings as xw
app1 = xw.App(visible = True,add_book = False)
app1.display_alters = False
app1.screen_updating = False
filepath = r'D:\Excel 案例\test.xlsx'
wb = app1.books.open(filepath)
sheet1 = wb.sheets['sheet1']
sheet1.clear()
sheet1.range('A1').value = 1
sheet1.range('A2').value = 2
range1 = sheet1.api.Range('A1:A2')
range2 = sheet1.api.Range('A1:A100')
range1.AutoFill(Destination = range2)
filepath = r'D:\Excel 案例\test9.xlsx'
wb.save(filepath)
wb.close()
app1.kill()
```

程序运行后,在 test9.xlsx 中导入了如下内容,限于篇幅,仅展示 10 行内容,如图 10-13 所示。

要实现以上程序功能,程序也可以用以下程序代替。

In[32]:
```
import xlwings as xw
app1 = xw.App(visible = True,add_book = False)
app1.display_alters = False
app1.screen_updating = False
filepath = r'D:\Excel 案例\test.xlsx'
wb = app1.books.open(filepath)
sheet1 = wb.sheets['sheet1']
sheet1.clear()
for i in range(1,101):
    list1 = 'A' + str(i)
    sheet1[list1].value = i
filepath = r'D:\Excel 案例\test10.xlsx'
wb.save(filepath)
wb.close()
app1.kill()
```

图 10-13 单元格自动填充

程序执行后,test10.xlsx 和 test9.xlsx 中的内容完全一样。

10.2.8 表格的最大行数和列数的获取

例 10-13 表格的最大行数和列数的获取操作举例(In[33])。

对表格 test10.xlsx 的行列数进行统计,示例程序如下。

In[33]:
```
import xlwings as xw
app1 = xw.App(visible = True,add_book = False)
app1.display_alters = False
```

```
app1.screen_updating = False
filepath = r'D:\Excel 案例\test10.xlsx'
wb = app1.books.open(filepath)
sheet1 = wb.sheets['sheet1']
cell = sheet1.used_range.last_cell
rows = cell.row
columns = cell.column
print(rows)
print(columns)
wb.close()
app1.kill()
```

程序运行后,在屏幕上显示了工作表的行列数。

```
100
1
```

10.2.9 工作表内容的复制

例 10-14 工作表内容的复制举例(In[34])。

可以将工作表的内容复制到另一张工作表中。下述程序实现了将 test10.xlsx 的 Sheet1 工作表的内容复制到 test11.xlsx 工作表 Sheet2 中。程序段如下。

In[34]:
```
import xlwings as xw
app1 = xw.App(visible = True,add_book = False)
app1.display_alters = False
app1.screen_updating = False
app2 = xw.App(visible = True,add_book = False)
app2.display_alters = False
app2.screen_updating = False
filepath1 = r'D:\Excel 案例\test10.xlsx'
filepath2 = r'D:\Excel 案例\test11.xlsx'
wb1 = app1.books.open(filepath1)
wb2 = app2.books.open(filepath1)
sheet1 = wb1.sheets['sheet1']
sheet2 = wb2.sheets['sheet1']
cel = sheet1.used_range.last_cell
row = cell.row
columns = cel.column
for row in range(1,rows):
    for column in range(1,columns):
        cel_value = sheet1.range((row,column)).value
        sheet2.range((row,column)).value = cel_value
wb1.close()
app1.kill()
wb2.save(filepath2)
wb2.close()
app2.kill()
```

程序运行结束后,可以看到 test11.xlsx 文件中 Sheet1 工作表中的内容被赋值到 test10.xlsx 中的 Sheet2 工作表中。

10.2.10 合并单元格

例 10-15 工作表内容的合并操作举例(In[35])。

将 test.xlsx 工作表的 A2 到 A3 的单元格合并,并将其保存到 test12.xlsx 中。程序段代码如下。

```
In[35]:
    app1.kill()
    import xlwings as xw
    app1 = xw.App(visible = True,add_book = False)
    app1.display_alters = False
    app1.screen_updating = False
    filepath = r'D:\Excel 案例\test.xlsx'
    wb = app1.books.open(filepath)
    sheet1 = wb.sheets['sheet1']
    sheet1.range('A2:A3').merge()
    filepath = r'D:\Excel 案例\test12.xlsx'
    wb.save(filepath)
    wb.close()
    app1.kill()
```

程序运行结果如图 10-14 所示,结果显示 test12.xlsx 中 A2:A3 的单元格已经合并了,且仅保留左上角的值 1。

图 10-14 单元格合并后的工作表内容

习题 10

本书提供在线测试习题,扫描下面的二维码,可以获取本章习题。

在线测试

第3部分

Python机器学习算法

第 11 章

机器学习基础

CHAPTER 11

机器学习是一种人工智能的分支,它关注如何通过计算机算法和模型来使计算机系统自动学习和改进性能,而无须明确地编程指令。机器学习算法可以从数据中发现模式和规律,并利用这些信息进行预测和决策。

机器学习可以分为有监督学习、无监督学习、深度学习和强化学习 4 种主要类型。

（1）有监督学习：通过给算法提供带有标签的训练数据，使算法能够学习输入特征和相应输出之间的映射关系。有监督学习的目标是通过已知的样本来预测新样本的标签或值。

（2）无监督学习：在无监督学习中，算法从未标记的数据中发现模式和结构。它不依赖预先定义的标签或输出，而是通过发现数据中的潜在关系来进行学习。

（3）深度学习：深度学习通过模拟人脑神经网络的方式，使用多层次的神经网络结构来学习和解决复杂的模式识别和决策问题。深度学习的核心思想是通过一系列的数据层次化表示，从而实现对输入数据的抽象和理解。

（4）强化学习：强化学习是一种通过与环境的交互来学习最优行为的方法，旨在通过与环境的交互学习来实现智能决策。在强化学习中，学习系统被称为智能体（agent），它通过观察环境的状态，执行动作，并从环境中接收反馈（奖励或惩罚）来学习最优的行为策略。

Python 中的机器学习主要采用 scikit-learn（简称 sklearn）机器学习库，它提供了一系列用于数据预处理、特征工程、模型选择和评估的工具和算法。scikit-learn 的功能包括以下几方面。

（1）数据预处理：包括特征缩放、特征选择、数据标准化、数据变换等。

（2）有监督学习算法：包括线性回归、逻辑回归、决策树、随机森林、支持向量机等。

（3）无监督学习算法：包括聚类算法（如 K 均值聚类、层次聚类）和降维算法（如主成分分析）等。

（4）模型选择和评估：包括交叉验证、网格搜索、性能指标计算等。

11.1 特征工程

在 scikit-learn 中，特征工程是指对原始数据进行转换、提取和选择，在机器学习中扮演着重要的角色，可以帮助提取有效的特征并改善模型性能。scikit-learn 提供了一些常用的特征工程方法，包括以下几种。

（1）特征缩放：通过将特征值按比例缩放，使其具有相似的数值范围，以避免某些特征对模型产生过大的影响。scikit-learn 提供了 MinMaxScaler 和 StandardScaler 等用于特征缩放的转换器。

（2）特征选择：通过选择最具有信息量的特征来减少特征空间的维度，从而提高模型的效果和效率。scikit-learn 提供了 VarianceThreshold、SelectKBest 和 SelectFromModel 等特征选择方法。

（3）特征编码：将非数值型的特征转换为数值型特征，以便机器学习算法能够处理。例如，使用 OneHotEncoder 对分类变量进行独热编码。

（4）特征生成：通过对原始特征进行组合、交叉或变换，生成新的特征以提取更多的信息。scikit-learn 提供了 PolynomialFeatures 等用于特征生成的转换器。

（5）特征降维：通过降低特征空间的维度，减少冗余信息和噪声，以提高模型的效果和效率。scikit-learn 提供了主成分分析（PCA）和线性判别分析（LDA）等降维方法。

（6）文本特征提取：对于文本数据，可以使用 CountVectorizer 或 TfidfVectorizer 等进行词频统计或 TF-IDF 特征提取。

11.1.1 特征缩放

MinMaxScaler 将特征缩放到给定的最小值和最大值之间的范围通常为 0~1。特征缩放的公式如下。

$$X\_mms = (X - \min(X))/(\max(X) - \min(X))$$

其中,X 为给定特征,其最小值为 $\min(X)$,其最大值为 $\max(X)$。

例 11-1 使用 MinMaxScaler 进行特征缩放(In[1])。

In[1]:
```
import numpy as np
from sklearn.preprocessing import MinMaxScaler
scaler = MinMaxScaler()
X = np.array([[1, 4], [3, 10], [7, 3]])
X_mm = scaler.fit_transform(X)
X_mm
```
Out[1]:
```
array([[0.        , 0.14285714],
       [0.33333333, 1.        ],
       [1.        , 0.        ]])
```

StandardScaler 将特征进行标准化,使其具有零均值和单位方差。标准化可以使特征分布更接近正态分布。给定特征 X,特征的均值 $\text{mean}(X)$ 和标准差 $\text{std}(X)$,特征缩放的公式如下。

$$X\_mm = (X\_mean(X))/\text{std}(X)$$

例 11-2 使用 StandardScaler 进行特征缩放(In[2])。

In[2]:
```
import numpy as np
from sklearn.preprocessing import StandardScaler
scaler = StandardScaler()
X = np.array([[5, 8], [2, 10], [4, 12]])
X_ss = scaler.fit_transform(X)
X_ss
```
Out[2]:
```
array([[ 1.06904497, -1.22474487],
       [-1.33630621,  0.        ],
       [ 0.26726124,  1.22474487]])
```

11.1.2 特征选择

在 scikit-learn 中,可以使用方差阈值(VarianceThreshold)和单变量特征选择(SelectKBest)进行特征选择。

(1) 方差阈值选择方差大于给定阈值的特征。这个方法对于方差较小的特征,即在整个数据集中变化有限的特征,往往没有太多信息量。

例 11-3 使用方差阈值 VarianceThreshold 进行特征选择(In[3])。

In[3]:
```
import numpy as np
from sklearn.feature_selection import VarianceThreshold
selector = VarianceThreshold(threshold=0.1)
```

```
X = np.array([[1, 2, 3, 6],[2, 2, 3, 3],[0, 2, 5, 3]])
X_s = selector.fit_transform(X)
X_s
```

在上述示例中，方差阈值被设置为 0.1，因特征 1 的方差小于 0.1，所以特征 1 被删除。程序运行结果如下。

```
Out[3]:
   array([[1, 3, 6],
          [2, 3, 3],
          [0, 5, 3]])
```

（2）单变量特征选择（SelectKBest）是根据单变量统计测试的结果选择与目标变量最相关的 K 个特征。

例 11-4 使用 SelectKBest 进行特征选择（In[4]）。

```
In[4]:
# 导入 SelectKBest 机器学习库
import numpy as np
from sklearn.feature_selection import SelectKBest, f_regression
# 创建 SelectKBest 对象，使用 f_regression 作为评估指标，选择 k=2 个特征
selector = SelectKBest(score_func=f_regression, k=2)
# 设置特征矩阵 X 和目标变量 y
X = np.array( [[1, 2, 3, 4],[6, 5, 7, 8],[8, 10, 11, 12]])
y = [1, 2, 3]
# 特征选择
X_s = selector.fit_transform(X, y)
# 打印选择后的特征矩阵
X_s
```

在上述示例中，使用 f_regression 作为评估指标，并选择了 k=2 个最相关的特征。选择的特征是根据每个特征与目标变量之间的相关性进行评估得出的。

程序运行结果如下。

```
Out[4]:
   array([[ 3,  4],
          [ 7,  8],
          [11, 12]])
```

11.1.3 特征编码

在 scikit-learn 中，有独热编码（One-Hot Encoding）和标签编码（Label Encoding）两种方式将非数值型的特征转换为数值型特征。

（1）独热编码是将离散型的特征转换为二进制的特征表示，每个取值对应一个二进制位，存在为 1，不存在为 0。

例 11-5 使用 OneHotEncoder 进行特征编码（In[5]）。

```
In[5]:
# 导入 OneHotEncoder 机器学习库
import numpy as np
from sklearn.preprocessing import OneHotEncoder
# 创建 OneHotEncoder 对象
```

```
        encoder = OneHotEncoder()
        # 设置特征矩阵 X
        X = np.array( [['Male', 1], ['Female', 3], ['Female', 2]])
        # 特征编码
        X_e = encoder.fit_transform(X).toarray()
        # 打印编码后的特征矩阵
        X_e
Out[5]:
    array([[0., 1., 1., 0., 0.],
           [1., 0., 0., 0., 1.],
           [1., 0., 0., 1., 0.]])
```

在这个示例中,原始的特征矩阵 X 有两个特征列,第一列包含性别信息(Male/Female),第二列包含数字。使用 OneHotEncoder 对这两个特征进行独热编码后,生成了 5 列编码后的特征。其中,第一列表示 Male,第二列表示 Female,第三列表示数字 1,第四列表示数字 2,第五列表示数字 3。

(2) 标签编码是将离散型的特征转换为整数型的特征表示,每个取值都有一个对应的整数编码。

例 11-6 使用 Label Encoding 进行特征编码(In[6])。

```
In[6]:
    # 导入 Label Encoding 机器学习库
    from sklearn.preprocessing import LabelEncoder
    import numpy as np
    # 创建 LabelEncoder 对象
    encoder = LabelEncoder()
    # 设置特征列表 labels
    labels = np.array(['pear','apple', 'banana', 'pear', 'orange'])
    # 特征编码
    labels_e = encoder.fit_transform(labels)
    # 打印编码后的特征列表
    labels_e
Out[6]:
    array([3, 0, 1, 3, 2], dtype=int64)
```

11.1.4 文本特征提取

在 Python 中,可以使用 scikit-learn 库中的 CountVectorizer 和 TfidfVectorizer 进行文本特征提取。

例 11-7 使用 CountVectorizer 进行文本特征提取(In[7])。

```
In[7]:
    # 导入 CountVectorizer 机器学习库
    from sklearn.feature_extraction.text import CountVectorizer
    # 设置一组文本数据
    text = [
        'This is the first document.',
        'This document is the second document.',
        'And this is the third one.',
        'Is this the first document?'
    ]
```

```python
# 创建 CountVectorizer 对象
vectorizer = CountVectorizer()
# 对文本数据进行特征提取
X = vectorizer.fit_transform(text)
# 获取特征词汇表
feature_names = vectorizer.get_feature_names_out()
# 打印特征词汇表
print(feature_names)
# 打印特征矩阵
print(X.toarray())
```

程序运行结果如下。

```
['and', 'document', 'first', 'is', 'one', 'second', 'the', 'third', 'this']
[[0 1 1 1 0 0 1 0 1]
 [0 2 0 1 0 1 1 0 1]
 [1 0 0 1 1 0 1 1 1]
 [0 1 1 1 0 0 1 0 1]]
```

在上述示例中,使用 CountVectorizer 对象对文本数据进行特征提取。它将文本数据转换为一个矩阵,其中每个文本对应一行,每个特征词对应一列。特征矩阵中的每个元素表示对应文本中出现特征词的次数。

例 11-8 使用 TfidfVectorizer 进行文本特征提取(In[8])。

In[8]:
```python
# 导入 TfidfVectorizer 机器学习库
from sklearn.feature_extraction.text import TfidfVectorizer
# 设置一组文本数据
text = [
    'I have there documnet.'
    'This is the first document.',
    'This document is the second document.',
    'And this is the third one.',
    'Is this the first document?'
]
# 创建 TfidfVectorizer 对象
vectorizer = TfidfVectorizer()
# 对文本数据进行特征提取
X = vectorizer.fit_transform(text)
# 获取特征词汇表
feature_names = vectorizer.get_feature_names_out()
# 打印特征词汇表
print(feature_names)
# 打印特征矩阵
print(X.toarray())
```

程序运行结果如下。

```
['and' 'document' 'documnet' 'first' 'have' 'is' 'one' 'second' 'the' 'there' 'third' 'this']
[[0.         0.28995205  0.45426591  0.35814846  0.45426591  0.2370548
  0          0           0.2370548   0.45426591  0           0.2370548 ]
 [0.         0.6876236   0           0           0           0.28108867
  0          0.53864762  0.28108867  0           0           0.28108867]
 [0.51184851 0           0           0           0           0.26710379
  0.51184851 0           0.26710379  0           0.51184851  0.26710379]
```

```
[0.           0.46979139   0           0.5802858    0           0.38408524
 0            0            0.38408524  0            0           0.38408524]]
```

11.1.5 特征生成

在 Python 中,使用 PolynomialFeatures 和 FunctionTransformer 进行特征生成。

例 11-9 使用 PolynomialFeatures 进行特征生成(In[9])。

```
In[9]:
# 导入 PolynomialFeatures 机器学习库
from sklearn.preprocessing import PolynomialFeatures
import numpy as np
# 设置一组输入特征 X
X = np.array([[2,3,6],
              [3,4,1],
              [5,6,8]])
# 创建 PolynomialFeatures 对象,生成二次多项式特征
poly_features = PolynomialFeatures(degree = 2)
# 进行多项式特征生成
X_p = poly_features.fit_transform(X)
# 打印生成的特征
print(X_p)
```

程序运行结果如下。

```
[[ 1.  2.  3.  6.  4.  6. 12.  9. 18. 36.]
 [ 1.  3.  4.  1.  9. 12.  3. 16.  4.  1.]
 [ 1.  5.  6.  8. 25. 30. 40. 36. 48. 64.]]
```

在上述示例中,使用 PolynomialFeatures 对象对输入特征矩阵 X 进行特征生成。通过指定 degree 参数,可以生成相应阶数的多项式特征。生成的特征矩阵中,每列对应一个特征,包括原始特征和交互特征。在这个例子中,原始特征有三个维度:[2,3,6]、[3,4,1]和[5,6,8]。通过二次多项式生成,生成了包括一次项、二次项特征的组合。具体做法是:设原始特征为[x,y,z],生成的多项式特征为[1 x y z x^2 xy xz y^2 yz z^2],其中 1 位常数项。按这个规律,[2,3,6]的多项式特征为[1. 2. 3. 6. 4. 6. 12. 9. 18. 36.]。

在 FunctionTransformer 中,可以定义一个函数作为转换函数,并将它应用于数据的每个元素或每个样本。

例 11-10 使用 FunctionTransformer 进行特征生成(In[10])。

```
In[10]:
# 导入 FunctionTransformer 机器学习库
from sklearn.preprocessing import FunctionTransformer
import numpy as np
# 设置一组输入特征 X
X = np.array([[2, 5],
              [3, 6],
              [4, 7]])
# 自定义特征生成函数
def custom_transform(X):
    return np.log(X + 1)
```

```
# 创建 FunctionTransformer 对象,应用自定义特征生成函数
transformer = FunctionTransformer(func = custom_transform)
# 进行特征生成
X_t = transformer.transform(X)
# 打印生成的特征
print(X_t)
```

程序运行结果如下。

```
[[1.09861229 1.79175947]
 [1.38629436 1.94591015]
 [1.60943791 2.07944154]]
```

在上述示例中,使用 FunctionTransformer 对象对输入特征矩阵 X 进行特征生成。通过指定 func 参数,可以应用自定义的特征生成函数。生成的特征矩阵由自定义函数处理后的结果组成。

11.2 回归模型

回归分析是处理变量间相关关系的一种统计方法。回归分析法可用于建立变量间的数学表达式,并利用概率统计基础知识进行分析,从而判断所建立的变量间的数学表达式的有效性。通过对影响因素的分析,确定在影响因变量中的若干变量中何为主要、何为次要,以及它们之间的关系。

11.2.1 一元线性回归模型

已知一组实际数据 $(x_i, y_i)(i=1,2,\cdots,n)$,其中 x_i 和 y_i 之间非严格线性关系但大致呈一条直线,即给定 x_i 值并不能确定 y_i 的值,因为可能还有其他影响 y_i 的因素。但如果主要研究 x_i 和 y_i 的关系,则可以假定 x_i 和 y_i 之间的关系为

$$y = \varphi_0 + \varphi_1 x + \varepsilon \tag{11-1}$$

其中,φ_0、φ_1 为待定常数,ε 为随机因素干扰项。称式(11-1)为一元线性回归模型。

1. 最小二乘法

在一元线性回归模型中,要使用最小二乘法确定参数 φ_0、φ_1,使得直线 $y = \varphi_0 + \varphi_1 x$ 与所有数据点最接近,即要使 y_i 的观察值与估计值的偏差的平方和最小,即使实际值和预测值的均方误差最小。

$$Q = \sum_{i=1}^{n}(y_i - \varphi_0 - \varphi_1 x_i)^2 \tag{11-2}$$

要使式(11-2)中的 Q 值最小,则应有

$$\begin{cases} \dfrac{\partial Q}{\partial \varphi_0} = 0 \\ \dfrac{\partial Q}{\partial \varphi_1} = 0 \end{cases} \tag{11-3}$$

代入方程得

$$\begin{cases} n\varphi_0 + \varphi_1 \sum_{i=1}^{n} x_i = \sum_{i=1}^{n} y_i \\ \varphi_0 \sum_{i=1}^{n} x_i + \varphi_1 \sum_{i=1}^{n} x_i^2 = \sum_{i=1}^{n} x_i y_i \end{cases} \tag{11-4}$$

解方程得

$$\begin{cases} \varphi_1 = \dfrac{\sum\limits_{i=1}^{n}(x_i-\bar{x})(y_i-\bar{y})}{\sum\limits_{i=1}^{n}(x_i-\bar{x})^2} \\ \varphi_0 = \bar{y} - \varphi_1 \bar{x} \end{cases} \tag{11-5}$$

所得的线性回归方程为

$$y = \varphi_0 + \varphi_1 x \tag{11-6}$$

2. 相关性检验

1) 皮尔逊相关系数

皮尔逊相关系数(Pearson correlation coefficient)用于度量两个变量之间的线性关系的强度和方向,其计算过程如下。

设 $L_{xy} = \sum\limits_{i=1}^{n}(x_i-\bar{x})(y_i-\bar{y})$,$L_{xx} = \sum\limits_{i=1}^{n}(x_i-\bar{x})^2$,$L_{yy} = \sum\limits_{i=1}^{n}(y_i-\bar{y})^2$,定义 x 与 y 的皮尔逊相关系数为

$$r = \frac{L_{xy}}{\sqrt{L_{xx}L_{yy}}} \tag{11-7}$$

式(11-7)反映了 x 与 y 的线性相关程度,且 $|r| \leq 1$。若 $r = \pm 1$,则 y 与 x 有精确的线性相关性。$r = 1$ 表示正线性相关,$r = -1$ 表示负线性相关。

2) R^2

R^2(R-squared)是一种用于度量一个回归模型对观测数据的拟合程度的统计指标。

$$R^2 = 1 - \frac{\text{SSresidual}}{\text{SStotle}} \tag{11-8}$$

其中,SStotle 是总平方和(Total Sum of Squares),表示因变量的观测值与因变量均值之间的差异的平方和,其计算公式为

$$\text{SStotle} = \sum_{i=1}^{n}(y_i - \bar{y})^2 \tag{11-9}$$

其中,$\bar{y}$ 为观测值 y 的均值。

SSresidual 为残差平方和(Residual Sum of Squares),是用于衡量回归模型拟合度的统计指标,表示模型预测值与实际观测值之间的差异的平方和,其计算公式如下。

$$\text{SSresidual} = \sum_{i=1}^{n}(y_i - \hat{y}_i)^2 \tag{11-10}$$

其中,$\hat{y}_i$ 为一元线性回归的预测值。

11.2.2 多元线性回归模型

设随机变量 y 与变量 $x_1, x_2, \cdots, x_m$ 有关,则 m 元线性回归定义为

$$y = \varphi_0 + \varphi_1 x_1 + \varphi_2 x_2 + \cdots + \varphi_m x_m + \varepsilon \tag{11-11}$$

其中,ε 是服从正态分布 $N(0, \sigma^2)$ 的随机误差,$\varphi_0, \varphi_1, \cdots, \varphi_m$ 是回归系数。

设

$$\boldsymbol{X} = \begin{bmatrix} 1 & x_{11} & x_{12} & \cdots & x_{1m} \\ 1 & x_{21} & x_{22} & \cdots & x_{2m} \\ \vdots & \vdots & \vdots & \ddots & \vdots \\ 1 & x_{n1} & x_{n2} & \cdots & x_{nm} \end{bmatrix}, \boldsymbol{Y} = \begin{bmatrix} y_1 \\ y_2 \\ \vdots \\ y_n \end{bmatrix}, \boldsymbol{\varphi} = [\varphi_0, \varphi_1, \cdots, \varphi_m]^{\mathrm{T}}$$

若 $\varepsilon = [\varepsilon_1, \varepsilon_2, \cdots, \varepsilon_n]^{\mathrm{T}}$,则式(11-11)可以表示为

$$\begin{cases} \boldsymbol{Y} = \boldsymbol{X}\boldsymbol{\varphi} + \varepsilon \\ \varepsilon \sim N(0, \sigma^2) \end{cases} \tag{11-12}$$

使用最小二乘法对 $\varphi_0, \varphi_1, \cdots, \varphi_m$ 进行估计,设:

$$Q = \sum_{i=1}^{n} \varepsilon_i^2 = \sum_{i=1}^{n} (y_i - \varphi_0 - \varphi_1 x_{i1} - \cdots - \varphi_m x_{im})^2 \tag{11-13}$$

为使 Q 达到最小,令

$$\frac{\partial Q}{\partial \varphi_j} = 0, j = 1, 2, \cdots, m \tag{11-14}$$

$$\begin{cases} \dfrac{\partial Q}{\partial \varphi_0} = -2 \sum_{i=1}^{n} (y_i - \varphi_0 - \varphi_1 x_{i1} - \cdots - \varphi_m x_{im}) = 0, \\ \dfrac{\partial Q}{\partial \varphi_j} = -2 \sum_{i=1}^{n} (y_i - \varphi_0 - \varphi_1 x_{i1} - \cdots - \varphi_m x_{im}) x_{i,j} = 0, j = 1, 2, \cdots, m \end{cases} \tag{11-15}$$

经整理后得到以下正则方程组:

$$\begin{cases} \varphi_0 + \varphi_1 \sum_{i=1}^{n} x_{i1} + \varphi_2 \sum_{i=1}^{n} x_{i2} + \cdots + \varphi_m \sum_{i=1}^{n} x_{im} = \sum_{i=1}^{n} y_i, \\ \varphi_0 \sum_{i=1}^{n} x_{i1} + \varphi_1 \sum_{i=1}^{n} x_{i1}^2 + \varphi_2 \sum_{i=1}^{n} x_{i1} x_{i2} + \cdots + \varphi_m \sum_{i=1}^{n} x_{i1} x_{im} = \sum_{i=1}^{n} x_{i1} y_i, \\ \cdots \quad \cdots \quad \cdots \quad \cdots \quad \cdots \quad \cdots \\ \varphi_0 \sum_{i=1}^{n} x_{i1} + \varphi_1 \sum_{i=1}^{n} x_{i1} x_{im} + \varphi_2 \sum_{i=1}^{n} x_{i1} x_{im} + \cdots + \varphi_m \sum_{i=1}^{n} x_{im}^2 = \sum_{i=1}^{n} x_{im} y_i \end{cases} \tag{11-16}$$

矩阵形式为

$$\boldsymbol{X}^{\mathrm{T}} \boldsymbol{X} \boldsymbol{\varphi} = \boldsymbol{X}^{\mathrm{T}} \boldsymbol{Y} \tag{11-17}$$

若 $\boldsymbol{X}$ 可逆,则有

$$\boldsymbol{\varphi} = (\boldsymbol{X}^{\mathrm{T}} \boldsymbol{X})^{-1} \boldsymbol{X}^{\mathrm{T}} \boldsymbol{Y} \tag{11-18}$$

可解出回归系数 $\boldsymbol{\varphi} = [\varphi_0, \varphi_1, \cdots, \varphi_m]^{\mathrm{T}}$。

Python 的线性回归模块定义如下。

```
LinearRegression( fit_intercept = True, normalize = 'deprecated', copy_X = True, n_jobs = None,
positive = False)
```

其参数的含义如表 11-1 所示。

表 11-1　Python 线性回归模型参数的含义

参　　数	类　型	意　　义
fit_intercept	布尔型	默认值为 True,是否计算此模型的截距。如果设置为 False,则计算中将不使用截距(即数据应居中)
normalize	布尔型	默认值为 False,当 fit_intercept 设置为 False 时,将忽略此参数。如果设置为 True,回归量 X 将在回归前减去平均值并除以 L2 范数。如果希望标准化,在设置了 normalize=False 时,在调用 fit 之前应使用 sklearn. processing. StandardScaler 进行数据的标准化
copy_X	布尔型	默认值=True。如果为 True,则将复制特征矩阵 X；否则 X 可能会被覆盖
n_jobs	整型	用于确定投入计算的处理器数。主要用于输出维度大于 1,且 X 是稀疏矩阵的情况,设置为－1 表示使用所有处理器
positive	布尔型	确定拟合系数是否强制设为正数,默认值为 False

其模型输出参数的含义如表 11-2 所示。

表 11-2　Python 线性回归模型输出参数的含义

输　出　参　数	含　　义
intercept_	模型的截距
coef_	模型的系数
rank_	线性回归状态中输入矩阵 X 的秩
singular_	线性回归状态中 X 的奇异值
n_features_in_	输入数据特征数量

例 11-11　已知某电网所在区域的年度 GDP 和年度全社会用电量数据存储于 load11_1.txt 文件中。要求使用一元线性回归模型对该地区的用电量进行预测(In[11]～In[16])。

In[11]:
```
import numpy as np
from sklearn import linear_model
load = np.loadtxt('load11_1.txt')
X = load[:,:1]
Y = load[:,1:2]
load_predict = linear_model.LinearRegression()
load_predict.fit(X,Y)
predictions = {}
predictions['intercept'] = load_predict.intercept_
predictions['coefficient'] = load_predict.coef_
print(predictions)
```

程序运行结果如下。

{'intercept': array([34.39153492]), 'coefficient': array([[0.37591175]])}

计算结果显示一元线性回归方程为 y＝34.39＋0.38x。

可以通过作图显示计算结果,程序段如下。

In[12]:

```python
import matplotlib.pyplot as plt
plt.figure(figsize = (5, 3))
plt.scatter(X,Y,color = 'blue')
plt.rcParams['font.sans-serif'] = ['SimHei']
plt.plot(X,load_predict.predict(X),color = 'red')
plt.xlabel('GDP/亿元')
plt.ylabel('全社会用电量/MWh')
plt.show()
```

程序运行后输出如图 11-1 所示的图形。

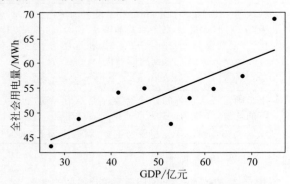

图 11-1　全社会用电量的一元线性回归预测

经预测该地区未来三年的 GDP 为 78 亿元、82 亿元和 85 亿元，则可以预测未来三年的用电量，程序如下：

In[13]:
```
predicted_value = np.array([78,82,85]).reshape(-1,1)
predict_power = load_predict.predict(predicted_value)
print(predict_power)
```

程序运行结果如下。

```
[[63.71265164]
 [65.21629866]
 [66.34403391]]
```

接下来计算 R^2，程序段如下。

In[14]:
```
R2 = load_predict.score(X,Y)
print("决定系数为:%.4f" % R2)
```

程序运行结果如下。

决定系数为:0.6755

可见使用一元线性回归模型对数据的拟合情况一般。

也可以根据式(11-18)多元线性回归模型进行计算，程序段如下。

In[15]:
```
X1 = np.array([[27.1, 1], [32.9, 1], [41.5, 1], [47, 1], [52.7, 1], [56.7, 1], [61.8,1],
     [68, 1], [74.8, 1]])
Y1 = np.array(Y).reshape(9, 1)
np.linalg.inv(X1.T.dot(X1)).dot(X1.T).dot(Y1)
```
Out[15]:

```
array([[ 0.37591175],
       [34.39153492]])
```

还可以使用最小二乘法(lsq)计算回归系数。

In[16]:
```
# 将 X 矩阵增加一列 1,以便生成截距(intercept)
X = np.hstack((np.ones((X.shape[0], 1)), X))
# 使用最小二乘法(lsq)计算回归系数
w = np.linalg.lstsq(X, Y, rcond = None)[0]
print(w)
```

程序运行结果如下。

```
[[34.39153492]
 [ 0.37591175 ]]
```

计算结果和调用 Python 工具包的计算结果一致。

例 11-12 已知某电网所在区域的年度第二产业、第三产业和年度全社会用电量数据存储于表 load11-2.txt 文件中。要求使用二元线性回归模型对该地区的全社会用电量进行预测(In[17]~In[18])。

In[17]:
```
import pandas as pd
from sklearn import linear_model
load_x = np.genfromtxt("load11_2.txt",max_rows = 9,skip_header = 1,usecols = range(2))
load_y = np.genfromtxt("load11_2.txt",max_rows = 9,skip_header = 1,usecols = [2])
load_predict = linear_model.LinearRegression()
load_predict.fit(load_x,load_y)
predictions = {}
predictions['intercept'] = load_predict.intercept_
predictions['coefficient'] = load_predict.coef_
print(predictions)
```

程序运行结果如下。

{'intercept': 3.177575739305432, 'coefficient': array([1.33206846, 0.4417073])}

可得二元线性回归模型为

$$y = 3.18 + 1.33x_1 + 0.44x_2$$

接下来计算误差,程序段如下。

In[18]:
```
import math
from sklearn.metrics import mean_squared_error
from sklearn.metrics import mean_absolute_error
from sklearn.metrics import r2_score
y_pred = load_predict.predict(load_x)
# 均方误差(Mean Squared Error,MSE)
mse = mean_squared_error(load_y,y_pred)
# 均方根误差(Root Mean Squared Error,RMSE)
mae = mean_absolute_error(load_y,y_pred)
rmse = math.sqrt(mse)
# 平均绝对误差(Mean Absolute Error,MAE)
mae = mean_absolute_error(load_y, y_pred)
# 决定系数(Coefficient of Determination,R^2)
```

```
            r2 = r2_score(load_y, y_pred)
            #输出误差
            print('均方误差:%.2f'% mse)
            print('均方根误差:%.2f'% rmse)
            print('平均绝对误差:%.2f'% mae)
            print('决定系数:%.2f'% r2)
```

程序运行结果如下。

均方误差:2.95
均方根误差:1.72
平均绝对误差:1.40
决定系数:0.94

由决定系数可知该线性回归模型能很好地拟合数据。

11.2.3 岭回归模型

岭回归(Ridge Regression)是一种用于处理多重共线性(multicollinearity)问题的线性回归扩展方法。在多重共线性中,自变量之间存在高度相关性,导致回归系数的估计不稳定,甚至可能变得很大。岭回归通过对回归系数引入额外的惩罚,以降低估计的方差,从而提高模型的泛化能力。

当模型在训练集上的效果优于测试集上的效果时,则模型有过拟合风险,反之,模型在测试集上的效果优于训练集上的效果时,则模型有欠拟合风险。采用正则化可防止模型的过拟合风险。正则化通过增加惩罚项来对过大的模型参数进行惩罚,从而防止模型的过拟合。正则化有 L_1 范数正则化和 L_2 范数正则化两种方式。其中采用 L_2 范数正则化的回归模型又称岭回归模型,通过增加系数 L_2 来修改损失函数,如式(11-19)所示。

$$\text{RSS}_{\text{Ridge}} = \sum_{i=1}^{n}(y_i - \widehat{y}_i)^2 + \alpha \sum_{j=1}^{p}\varphi_j^2 \qquad (11\text{-}19)$$

其中,n 为样本数量,p 为变量数量,y_i 为预测值。α 是一个控制惩罚力度的超参数。如果 α 为 0,则模型就是标准的线性回归,如果 α 趋近于无穷大,则所有模型参数将趋近于 0。$\alpha \sum_{j=1}^{N}\varphi_j^2$ 称为正则化项,正则化项是为了在最小化损失函数时,使得系数保持较小的值,从而降低模型的方差。正则化项对不同的系数起到了约束作用,使得模型更稳定,减少了对训练数据的过拟合风险。

Python 的 Ridge 回归模块定义如下。

Ridge(alpha = 1.0, fit_intercept = True,solver = "auto", normalize = False)

各参数的含义如表 11-3 所示。

表 11-3 Python 的 Ridge 回归参数的含义

参 数	类 型	含 义
alpha	浮点型	L2 正则化参数。它控制正则化的强度,较大的值会使得模型更加稀疏,从而让更多的系数接近于零,默认值为 1.0
fit_intercept	布尔型	是否计算截距。如果设置为 True,则会为模型计算截距项,默认值为 True

续表

参　　数	类　型	含　　义
solver	字符型	求解器选择。可以是 auto、svd、cholesky、lsqr、sparse_cg、sag 或 saga 中的一个，默认值为 auto。可以选择不同的优化算法来求解 Ridge 回归的最优解
normalize	布尔型	是否对输入数据进行归一化（默认值为 False）。如果设置为 True，则会在运行 Ridge 回归之前对输入数据进行归一化

Ridge 回归模型输出参数的含义如表 11-4 所示。

表 11-4　Ridge 回归模型输出参数的含义

输出参数	类　型	含　　义
coef_	浮点型	回归系数
intercept_	浮点型	回归截距

例 11-13　对符合 y＝1＋2x 变化规律且带有噪声的数据集进行岭回归分析(In[19])。

In[19]:
```
import numpy as np
import matplotlib.pyplot as plt
from sklearn.linear_model import Ridge
from sklearn.model_selection import train_test_split
from sklearn.linear_model import Ridge, RidgeCV
plt.rcParams['font.sans-serif'] = ['SimHei']
np.random.seed(20)
X = 2 * np.random.rand(100, 1)
y = 1 + 2 * X + np.random.randn(100, 1)
X_train, X_test, y_train, y_test = train_test_split(X, y, test_size=0.2, random_state=42)
mdcv = RidgeCV(alphas = np.logspace(-4,0,100)).fit(X_train,y_train)
md0 = Ridge(mdcv.alpha_).fit(X_train,y_train)
ridge_best = Ridge(alpha = mdcv.alpha_)
ridge_best.fit(X_train, y_train)
y_pred = ridge_best.predict(X_test)
plt.scatter(X_train, y_train,marker = '*', label = '训练集')
plt.scatter(X_test, y_test, marker = 'o',label = '测试集')
plt.plot(X_test, y_pred, color = 'red',linewidth = 3, label = '岭回归')
plt.xlabel('X')
plt.ylabel('y')
plt.title('岭回归最优参数 Alpha = %4.2f' % mdcv.alpha_)
plt.legend()
plt.show()
coef = mdcv.coef_
intercept = mdcv.intercept_
print("回归系数:%4.2f" % coef)
print("截距:%4.2f" % intercept)
```

程序运行后输出如图 11-2 所示的图形。
输出的回归系数和截距如下。

回归系数:2.28
截距:0.78

11.2.4　Lasso 回归模型

采用 L1 范数正则化的回归模型又称 Lasso 回归模型，通过增加系数的 L1 来修改损失

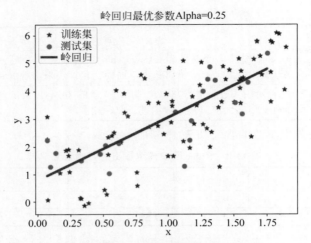

图 11-2 岭回归结果示意图

函数,如式(11-20)所示。

$$\text{RSS}_{\text{Lasso}} = \sum_{i=1}^{n}(y_i - \hat{y}_i)^2 + \alpha \sum_{j=1}^{p}|\varphi_j| \qquad (11\text{-}20)$$

与 L2 范数不同,L1 范数趋向于使大部分模型系数为 0,当两特征线性相关性较强时,Lasso 模型趋近于将其中一个变量的系数设置为 0,从而实现自动特征选择,而 Ridge 则倾向于同时减少两变量的系数。

Lasso 回归函数的调用格式如下。

```
Lasso(alpha = 1.0, fit_intercept = True, normalize = 'deprecated', precompute = False, copy_X = True, max_iter = 1000, tol = 0.0001, warm_start = False, positive = False, random_state = None, selection = 'cyclic')
```

Lasso 回归参数的含义如表 11-5 所示。

表 11-5　Python 的 Lasso 回归参数的含义

参　　数	类　　型	意　　义
alpha	浮点型	L1 正则化参数(默认值为 1.0)。它控制正则化的强度,较大的值会使得模型更加稀疏,即更多的系数为 0
fit_intercept	布尔型	是否计算截距(默认值为 True)。如果设置为 True,则会为模型计算截距项
solver		求解器选择(默认值为 auto)。可以是 auto、svd、cholesky、lsqr、sparse_cg、sag 或 saga 中的一个。可以选择不同的优化算法来求解 Ridge 回归的最优解
normalize	布尔型	是否对输入数据进行归一化(默认值为 deprecated)。由于在 Lasso 类中已经自动实现归一化工作,在 sklearn 0.22 版本中,这个参数已被废弃
precompute	布尔型	是否预先计算 Gram 矩阵以加快计算(默认值为 False)
copy_X	布尔型	是否复制输入数据(默认值为 True)。如果设置为 True,则会在运行 Lasso 回归之前复制输入数据
max_iter	整型	迭代的最大次数(默认值为 1000)。如果迭代次数达到最大值而没有达到收敛,则会提前停止迭代
tol	浮点型	收敛的容忍度(默认值为 0.0001)。当目标函数的优化改进小于该值时,迭代将被认为已经收敛
warm_start	布尔型	是否重用前一次调用的解作为初始值(默认值为 False)

续表

参　　数	类　型	意　　义
positive	布尔型	是否限制系数为正值(默认值为 False)。如果设置为 True,则模型的系数将被限制为非负值
random_state	整型	随机数种子(默认值为 None)。用于控制随机数生成的种子,以确保结果的可重复性
selection	字符型	系数更新策略(默认值为 cyclic)。可以是 cyclic 或 random。cyclic 表示按特征顺序更新系数,random 表示随机选择特征来更新系数

例 11-14　已知某酒类品牌的若干指标和酒的品质关系如表 wine_quality.txt 所示,试对其品质和指标的关系进行 Lasso 回归分析(In[20])。

In[20]:
```
import numpy as np
import matplotlib.pyplot as plt
from sklearn.linear_model import Lasso, LassoCV
from sklearn.model_selection import train_test_split
from scipy.stats import zscore
data = np.genfromtxt("wine_quality.txt", delimiter = ';', skip_header = 1, usecols = range(11))
X = data[:, :-1]
y = data[:, -1]
X_train, X_test, y_train, y_test = train_test_split(X, y, random_state = 20)
X_train_std = zscore(X_train)
X_test_std = zscore(X_test)
lasso_cv = LassoCV(alphas = np.logspace(-4, 0, 100)).fit(X_train_std, y_train)
optimal_alpha = lasso_cv.alpha_
lasso_model = Lasso(optimal_alpha).fit(X_train_std, y_train)
original_coefficients = lasso_model.coef_ * (X_train.std(axis = 0)/X_train_std.std(axis = 0))
original_intercept = lasso_model.intercept_ - np.sum(X_train.mean(axis = 0) / X_train_std.std(axis = 0) * lasso_model.coef_)
print("最优 alpha:% 4.4f" % optimal_alpha)
print("标准化数据后的系数:", lasso_model.coef_)
print("标准化数据后的截距:", lasso_model.intercept_)
print("原始数据的系数:", original_coefficients)
print("原始数据的截距::", original_intercept)
print("R-squared (训练集):", lasso_model.score(X_train_std, y_train))
print("R-squared (测试集):", lasso_model.score(X_test_std, y_test))
```

程序运行结果如下。

最优 alpha:0.0020
标准化数据后的系数:[0.90498869　0.05075624　0.17108076　0.40623169 -0.06109349
 -0.01445509 -0.0772814 -1.17301617　0.56717313　0.21216779]
标准化数据后的截距:10.42239366138443
原始数据的系数:[1.56656478e+00　9.14051449e-03　3.33348877e-02　5.90183385e-01
 -2.81227804e-03 -1.54537204e-01 -2.53492853e+00 -2.20698558e-03　8.77881194e-02
 3.62533788e-02]
原始数据的截距::4.785365854654783
R-squared (训练集):0.6803235314796657
R-squared (测试集):0.6347068255377084

11.2.5　多项式回归模型

线性回归假设因变量(目标变量)和自变量(特征)之间的关系是线性的,但在实际情况中,关系可能更为复杂。多项式回归通过引入高阶多项式来更好地拟合非线性关系。多项式回归假设数据和特征之间的真实关系是非线性的,若要使用线性模型来拟合非线性数据,可以使用多项式回归进行建模。方法是将每个特征的幂次方添加为一个新特征,并在此特征集上训练一个线性模型,这种回归方式称为多项式回归。

多项式回归的一般形式如下。

$$y = \phi_0 + \phi_1 x + \phi_2 x^2 + \cdots + \phi_n x^n + \varepsilon \tag{11-21}$$

其中,y 是因变量,x 是自变量,$\phi_0,\phi_1,\cdots,\phi_n$ 是模型的参数,n 为多项式的阶数,ε 是误差项。

理论上,通过最小化实际观测值和模型预测值之间的残差平方和,可以估计模型的参数。这通常通过最小二乘法来实现。

例 11-15 使用多项式回归进行参数估计举例(In[21]~In[24])。

In[21]:
```
import numpy as np
import matplotlib.pyplot as plt
plt.figure(figsize=(5,3))
plt.rcParams['axes.unicode_minus'] = False
rng = np.random.RandomState(100)
xx = np.linspace(-3,3,100)
X = 6*rng.rand(100,1)-3
y = 1+2*X+X**2+rng.randn(100,1)
plt.axis([-3,3,-3,18])
plt.scatter(X,y,c='b')
plt.xlabel('x')
plt.ylabel('y')
plt.show()
```

程序运行后在屏幕上输出如图 11-3 所示的带噪声的图形。

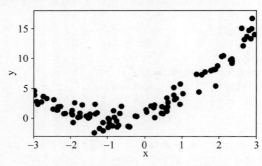

图 11-3 带噪声的 $y=1+2x+x^2$ 图形

在上述程序的基础上,输入以下程序段。

In[22]:
```
from sklearn.linear_model import LinearRegression
rng = np.random.RandomState(100)
xx = np.linspace(-3,3,100)
X = 6*rng.rand(100,1)-3
y = 1+2*X+X**2+rng.randn(100,1)
line_regress1 = LinearRegression()
line_regress1.fit(X,y)
```

```python
lr1_predict = line_regress1.predict(X)
plt.figure(figsize=(5,3))
plt.scatter(x,y,c='b')
plt.plot(x,lr1_predict,c='r')
plt.xlabel('x')
plt.ylabel('y')
plt.show()
```

程序运行后在屏幕上输出如图 11-4 所示的一元线性回归示意图。

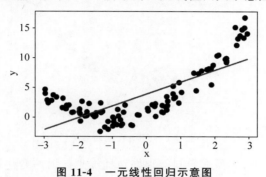

图 11-4　一元线性回归示意图

由图 11-4 可知，线性回归的效果不明显。采用多项式回归，程序代码如下。

In[23]:
```python
import numpy as np
import matplotlib.pyplot as plt
from sklearn.preprocessing import PolynomialFeatures
from sklearn.linear_model import LinearRegression
plt.rcParams['font.sans-serif'] = ['SimHei']
plt.rcParams['axes.unicode_minus'] = False
X = 6 * rng.rand(100, 1) - 3
y = 1 + 2 * X + X ** 2 + rng.randn(100, 1)
# 创建 PolynomialFeatures 对象,指定多项式的最高次数
poly_features = PolynomialFeatures(degree=3)
# 生成多项式特征
X_poly = poly_features.fit_transform(X)
# 创建线性回归模型并拟合数据
regressor = LinearRegression()
regressor.fit(X_poly, y)
# 预测新的输入数据
X_new = np.linspace(-3,3,100).reshape(-1, 1)
X_new_poly = poly_features.transform(X_new)
y_new = regressor.predict(X_new_poly)
# 绘制原始数据点和多项式回归曲线
print(regressor.intercept_)
print(regressor.coef_)
plt.scatter(X, y, color='blue', label='原始数据')
plt.plot(X_new, y_new, color='red', label='多项式回归')
plt.xlabel('X')
plt.ylabel('y')
plt.title('多项式回归')
plt.legend()
plt.show()
```

程序运行后在屏幕上输出多项式回归的截距和相关系数如下。

[1.10816596]
[[0. 1.64861881 0.9782835 0.06821596]]

输出的多项式回归效果如图 11-5 所示。

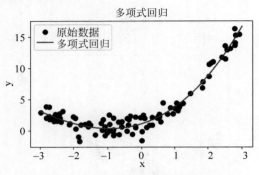

图 11-5　多项式回归效果

从图 11-5 中可以看出，多项式回归能很好地捕捉到数据的变化规律。

在上述程序段中，PolynomialFeatures 是一个用于生成多项式特征的转换器类。它将原始特征转换为多项式特征，以增加模型的非线性能力。PolynomialFeatures 的定义如下：PolynomialFeatures(degree=2, interaction_only=False, include_bias=True, order='C')，参数的含义如下。

degree：指定多项式的最高次数。例如，设置 degree=2 将生成包含原始特征及其交互项的二次多项式特征。

interaction_only：布尔值，表示是否只生成特征的交互项而不包括原始特征的幂次项。默认为 False，表示生成所有的幂次项和交互项。

include_bias：布尔值，表示是否在生成的特征中包含偏差列（全为 1 的列）。默认为 True，表示生成偏差列。

order：指定多项式特征的排序方式。可以选择 C 表示按列排序，或选择 F 表示按特征排序。

In[24]:
```
import numpy as np
from sklearn.preprocessing import PolynomialFeatures
X = np.array([[1, 2], [3, 4]])
poly = PolynomialFeatures(degree = 2, include_bias = False)
X_poly = poly.fit_transform(X)
print(X_poly)
```

程序运行结果如下。

[[1. 2. 1. 2. 4.]
 [3. 4. 9. 12. 16.]]

在这个例子中原始特征 $[x_1, x_2]$，选择多项式的最高次数为 2，X_poly 包含 $[x_1, x_2, x_1^2, x_1 x_2, x_2^2]$。可见 PolynomialFeatures 将原始特征进行了扩展，使得我们可以更好地捕捉输入特征之间的非线性关系。

例 11-16　使用例 11-1 的数据，建立二次多项式回归预测模型，对未来的负荷进行预测

(In[25])。

```
In[25]:
    import numpy as np
    from sklearn.linear_model import LinearRegression
    from sklearn.preprocessing import PolynomialFeatures
    from sklearn.model_selection import train_test_split
    from sklearn import linear_model
    load = np.loadtxt('load11_1.txt')
    X = load[:,:1]
    y = load[:,1:2]
    regressor = LinearRegression()
    regressor.fit(X,y)
    xx = np.linspace(0, 100, 100)
    yy = regressor.predict(xx.reshape(xx.shape[0], 1))
    quadratic_featurizer = PolynomialFeatures(degree = 2)
    x_train_quadratic = quadratic_featurizer.fit_transform(X)
    regressor_quadratic = LinearRegression()
    regressor_quadratic.fit(x_train_quadratic, y)
    xx_quadratic = quadratic_featurizer.transform(xx.reshape(xx.shape[0], 1))
    print('线性回归评估效果:', regressor.score(X, y))
    print('多项式回归训练集上的评估效果:', regressor_quadratic.score(x_train_quadratic, y))
```

程序运行结果如下。

线性回归评估效果：0.6754530468737625
多项式回归训练集上的评估效果：0.725000348247115

从运行结果来看，线性回归和多项式回归的效果均不佳，但多项式回归的评估结果好于线性回归。

11.2.6 梯度下降法

线性回归的成本函数定义为如下均方误差：

$$\mathrm{MSE}(\beta) = \frac{1}{n}\sum_{i=1}^{n}[\beta x_i - y_i]^2 \qquad (11\text{-}22)$$

当数据的特征数较多，或者训练集的数据很大时，采用传统的最小二乘法，运算速度将很缓慢，有时甚至导致内存无法满足要求，这时需要采用其他线性回归预测模型进行预测分析。

要使 $\mathrm{MSE}(\beta)$ 最小，首先可使用一个随机的 β 值，代入 $\mathrm{MSE}(\beta)$，然后寻求使 $\mathrm{MSE}(\beta)$ 逐渐变小的 β 值，因线性回归的 $\mathrm{MSE}(\beta)$ 为凸函数，因此存在一个全局最小值，所以 $\mathrm{MSE}(\beta)$ 会最终收敛至一个最小值。为此可寻求 β 值，使得 $\mathrm{MSE}(\beta)$ 下降最快，即沿 $\mathrm{MSE}(\beta)$ 的梯度下降方向走 $\mathrm{MSE}(\beta)$ 下降最快：

$$\nabla_\beta \mathrm{MSE}(\beta) = \frac{\partial \mathrm{MSE}(\beta)}{\partial \beta} = \frac{2}{n}\boldsymbol{X}^\mathrm{T}(\boldsymbol{X}\beta - \boldsymbol{y}) \qquad (11\text{-}23)$$

则 β 值更新为

$$\beta = \beta - \eta\, \nabla_\beta \mathrm{MSE}(\beta) \qquad (11\text{-}24)$$

其中，η 称为学习率，是一个人工定义的可调参数。

例 11-17 使用梯度下降法拟合 $y=2+3x$ 的系数(In[26])。

In[26]:
```
X = 2 * np.random.rand(100, 1)
y = 2 + 3 * X + np.random.randn(100, 1)
X_1 = np.c_[np.ones((100, 1)), X]
# 学习率
eta = 0.08
# 迭代次数
iter_n = 1000
# 训练集个数
m = 100
# 变量初始化
b = np.random.randn(2,1)
for iter in range(iter_n):
    grd = 2/m * X_1.T.dot(X_1.dot(b) - y)
    b = b - eta * grd
print(b)
```

程序运行结果如下。

```
[[2.07480638]
 [3.01786458]]
```

例 11-18 使用最小二乘法拟合 y＝2＋3x 的系数(In[27]～In[28])。

In[27]:
```
import numpy as np
from numpy import dot,transpose
from numpy.linalg import inv
X = 2 * np.random.rand(100, 1)
y = 2 + 3 * X + np.random.randn(100, 1)
X_1 = np.c_[np.ones((100, 1)), X]
dot1 = dot(inv(dot(transpose(X_1),X_1)),dot(transpose(X_1),y))
print(dot1)
```

程序运行结果如下。

```
[[1.91571267]
 [2.95321358]]
```

也可以使用 Python 提供的工具箱进行求解,程序段代码如下。

In[28]:
```
import numpy as np
from numpy.linalg import lstsq
X = 2 * np.random.rand(100, 1)
y = 2 + 3 * X + np.random.randn(100, 1)
X_1 = np.c_[np.ones((100, 1)), X]
lst = lstsq(X_1, y, rcond = -1)[0]
print(lst)
```

程序运行结果如下。

```
[[2.05885483]
 [3.07645813]]
```

11.2.7 随机梯度下降法

在上述梯度下降法中对梯度进行计算的每一步都需要代入完整的训练集,因此也称为批量梯度下降法。当训练集规模较大时,算法的速度将会变得非常缓慢。随机梯度下降法每一步在训练集上随机选择一个实例,并且仅计算这个实例的梯度,算法的速度会快很多。另外,随机梯度下降法还易于逃离局部最优点,但缺点是很难精确求解得到最小值。为此,可逐步降低学习率,使得开始的步长比较大,然后步长逐步变小,计算结果逐步靠近全局最小值。

例 11-19　使用随机梯度下降法拟合 $y=2+3x$ 的系数(In[29])。

In[29]:
```
n_epochs = 50
t0,t1 = 5,50
np.random.seed(42)
X = 2 * np.random.rand(100, 1)
y = 2 + 3 * X + np.random.randn(100, 1)
X_1 = np.c_[np.ones((100, 1)),X]
def l_r(t):
    return t0/(t + t1)  # 改变学习率
beta = np.random.randn(2,1)  # 给初始解随机取值
for epoch in range(n_epochs):
    for i in range(m):
        random_index = np.random.randint(m)
        xi = X_1[random_index:random_index + 1]
        yi = y[random_index:random_index + 1]
        grad = 2 * xi.T.dot(xi.dot(beta) - yi)
        eta = l_r(epoch * m + i)
        beta = beta - eta * grad
print(beta)
```

程序运行结果如下。

```
[[2.1905278 ]
 [2.73333624]]
```

11.2.8 小批量梯度下降法

小批量梯度下降法是指在小批量随机测试集上计算梯度,相对于随机梯度下降法,可以通过矩阵操作的硬件优化来提高性能,尤其是在使用 GPU 时表现更为优异。

例 11-20　使用小批量梯度下降法拟合 $y=2+3x$ 的系数(In[30]~In[31])。

In[30]:
```
n_epochs = 50
t0,t1 = 5,50
m = 100
np.random.seed(42)
X = 2 * np.random.rand(100, 1)
y = 2 + 3 * X + np.random.randn(100, 1)
X_1 = np.c_[np.ones((100, 1)),X]
# 设小批量的个数为 3
```

```
batch_size = 3
def l_r(t):
    return t0/(t + t1)
# 给初始解随机取值
beta = np.random.randn(2,1)
for epoch in range(n_epochs):
    for i in range(m):
        random_index = np.random.randint(m - batch_size)
        xi = X_1[random_index:random_index + batch_size]
        yi = y[random_index:random_index + batch_size]
        grad = 2/batch_size * xi.T.dot(xi.dot(beta) - yi)
        eta = l_r(epoch * m + i)
        beta = beta - eta * grad
print(beta)
```

程序运行结果如下。

```
[[2.19948665]
 [2.77895147]]
```

也可以使用 sklearn 提供的 SGDRegressor 实现上述程序的功能。

In[31]:
```
from sklearn.linear_model import SGDRegressor
import numpy as np
from numpy.linalg import lstsq
sgd_reg = SGDRegressor(max_iter = 1000,tol = 1e - 3,penalty = None,eta0 = 0.08)
X = 2 * np.random.rand(100, 1)
y = 2 + 3 * X + np.random.randn(100, 1)
sgd_reg.fit(X,y.ravel())
sgd_reg.intercept_,sgd_reg.coef_
```
Out[31]:
```
(array([1.93142287]), array([3.11947571]))
```

运行结果非常接近梯度下降法的计算结果。

11.3 逻辑回归

分类任务的目标是引入一个函数,通过该函数能将观测值映射到与之相关联的类或者标签上。逻辑回归主要用于处理二分类任务,也可以处理多分类问题。逻辑回归的本质是将线性回归模型通过 Sgimoid 函数进行非线性转换,得到一个概率为 0~1 的预测值。

$$P(x_1,x_2,\cdots,x_n) = \frac{1}{1 + e^{-(\beta_0 + \beta_1 x_1 + \beta_2 x_2 + \cdots + \beta_n x_n)}} \tag{11-25}$$

Python 逻辑回归模块的定义如下。

```
LogisticRegression(penalty = 'l2', dual = False, tol = 0.0001, C = 1.0, fit_intercept = True,
intercept_scaling = 1, class_weight = None, random_state = None, solver = 'lbfgs', max_iter =
100, multi_class = 'auto', verbose = 0, warm_start = False, n_jobs = None, l1_ratio = None)
```

逻辑回归参数的含义如表 11-6 所示。

表 11-6 Python 的逻辑回归参数的含义

参　　数	类　型	意　　义
penalty	字符串	正则化项的类型。可以是 L_1、L_2、elasticnet 或 none，默认值为 L_2。正则化有助于控制模型的复杂度，防止过拟合
dual	布尔型	默认值为 False。表示是否使用对偶形式。当样本数大于特征数时，通常建议使用对偶形式
tol	浮点型	默认值为 0.0001，收敛判断的容忍度。算法迭代过程中，如果两次迭代之间的损失变化小于 tol，则认为模型已经收敛
C	浮点型	正则化强度的倒数，默认值为 1.0。较小的 C 值表示更强的正则化
fit_intercept	布尔型	默认值为 True。表示模型是否拟合截距项选项。如果为 True，则模型会拟合一个截距项；如果为 False，则不拟合
intercept_scaling	浮点型	默认值为 1。当 solver='liblinear' 且 fit_intercept=True 时，对截距项的缩放
class_weight	浮点型	用于处理类别不平衡问题的权重。可以是 balanced 或自定义的权重，默认值为 None
random_state	整型	随机性种子，设置为一个固定的值可以使结果可重复
solver	字符型	默认值为 'lbfgs'。用于优化问题的求解器算法。可选 'newton-cg' 'lbfgs' 'liblinear' 'sag' 或 'saga'。选择合适的求解器有助于获得更好的性能和收敛速度
max_iter	整型	求解器的最大迭代次数，默认值为 100
multi_class	字符串	默认值为 'auto'，可选 'auto' 'ovr' 'multinomial'。多类别分类问题的策略。'auto' 会根据输入数据自动选择；'ovr' 表示一对多策略；'multinomial' 表示多项式策略
verbose	整型	默认值为 0，日志输出级别
warm_start	布尔型	默认值为 False。表示是否使用前一次训练的结果作为初始值，以继续训练
n_jobs	Int or None	默认值为 None。表示并行计算的数量。如果为 None，则不使用并行计算
l1_ratio	Float or None	默认值为 None。仅在 penalty='elasticnet' 时使用。混合参数，控制 L1 和 L2 的权重。当 l1_ratio=0 时，只使用 L2 正则化；当 l1_ratio=1 时，只使用 L1 正则化；在（0，1）之间，表示使用混合正则化

例 11-21　逻辑回归在乳腺癌数据集上的应用(In[32]～In[40])。

In[32]:
```
#导入回归模型所需要的库
import numpy as np
import matplotlib.pyplot as plt
from sklearn.datasets import load_breast_cancer
from sklearn.model_selection import train_test_split
from sklearn.linear_model import LogisticRegression as LR
from sklearn.metrics import accuracy_score
```
In[33]:
```
#导入数据集
data = load_breast_cancer()
x = data.data
#输出特征矩阵
print(x)
```

运行上述程序后,输出的特征矩阵为:

```
[[1.799e+01 1.038e+01 1.228e+02 ⋯ 2.654e-01 4.601e-01 1.189e-01]
 [2.057e+01 1.777e+01 1.329e+02 ⋯ 1.860e-01 2.750e-01 8.902e-02]
 [1.969e+01 2.125e+01 1.300e+02 ⋯ 2.430e-01 3.613e-01 8.758e-02]
 ⋯
 [1.660e+01 2.808e+01 1.083e+02 ⋯ 1.418e-01 2.218e-01 7.820e-02]
 [2.060e+01 2.933e+01 1.401e+02 ⋯ 2.650e-01 4.087e-01 1.240e-01]
 [7.760e+00 2.454e+01 4.792e+01 ⋯ 0.000e+00 2.871e-01 7.039e-02]]
```

In[34]:
```python
y = data.target
# 输出标签数据
print(y)
```

输出的标签数据如下。

```
[0 0 0 0 0 0 0 0 0 0 0 0 0 0 0 0 0 0 0 1 1 1 0 0 0 0 0 0 0 0
 1 0 0 0 0 0 0 0 1 0 1 1 1 1 0 1 0 0 1 1 1 1 0 1 0 0 1 1 1 0 1 0 0
 1 0 1 0 0 1 1 1 0 0 1 0 0 0 1 1 0 1 1 0 0 1 1 1 1 0 1 1 0 1 1
 1 1 1 1 1 0 0 0 1 0 0 1 1 0 0 1 0 0 1 1 0 1 1 0 1 1 1 1 0 1
 1 1 1 1 1 1 1 0 1 1 1 1 0 0 1 0 1 1 0 0 1 1 1 1 0 1 1 0 0 0 1 0
 1 0 1 1 1 0 1 1 0 0 0 0 1 0 0 0 1 0 1 1 0 1 0 0 0 0 1 1 0 0 1 1
 1 0 1 1 1 1 0 0 1 1 0 1 1 0 0 1 0 1 1 1 1 0 1 0 0 0 0 0 0 0
 0 0 0 0 0 0 1 1 1 1 1 1 0 1 0 1 1 0 1 0 0 1 1 1 1 1 1 1 1 1
 1 0 1 1 0 1 0 1 1 1 1 1 1 1 1 0 1 1 1 0 1 0 1 1 1 0 0 0 1 1
 1 1 0 1 0 1 0 1 1 1 0 0 1 1 1 1 1 1 1 0 1 1 1 1 1
 0 1 0 0 1 1 1 1 1 0 1 1 1 0 1 1 0 1 1 0 1 1 0 1 1 1 1 1 1
 1 0 1 1 1 0 1 1 1 1 1 1 0 1 0 0 1 0 1 1 1 1 1 1 1 0 1
 0 1 1 0 1 0 1 1 1 1 1 1 0 0 1 1 1 1 1 0 1 1 1 1 1 1 1 0 1
 1 1 1 1 1 0 1 0 1 1 0 1 1 1 0 0 1 0 1 1 1 1 1 0 1 1 0 1 0 1 0 0
 1 1 1 0 1 1 1 1 1 1 1 1 1 1 1 1 1 1 1 1 1 1 1
 1 1 1 1 1 0 0 0 0 0 0 1]
```

In[35]:
```python
# 数据的特征
z = data.feature_names
# 输出数据特征名
print(z)
```

输出的数据特征名如下。

```
['mean radius' 'mean texture' 'mean perimeter' 'mean area'
 'mean smoothness' 'mean compactness' 'mean concavity'
 'mean concave points' 'mean symmetry' 'mean fractal dimension'
 'radius error' 'texture error' 'perimeter error' 'area error'
 'smoothness error' 'compactness error' 'concavity error'
 'concave points error' 'symmetry error' 'fractal dimension error'
 'worst radius' 'worst texture' 'worst perimeter' 'worst area'
 'worst smoothness' 'worst compactness' 'worst concavity'
 'worst concave points' 'worst symmetry' 'worst fractal dimension']
```

In[36]:
```python
# 输出数据的形状
print(x.shape)
```

程序运行后输出数据的形状如下。

(569,30)

In[37]:
```python
# 训练模型及输出结果
bc1 = LR(penalty = 'l1',solver = "liblinear",C = 0.5,max_iter = 1000)
bc2 = LR(penalty = 'l2',solver = "liblinear",C = 0.5,max_iter = 1000)
bc1 = bc1.fit(x,y)
# 输出模型的系数和截距
print(bc1.coef_)
print(bc1.intercept_)
```

程序运行后输出的模型系数和截距如下。

[[3.98249669   0.03116829 -0.13462771 -0.0161825   0.   0.
   0.   0.   0.   0.   0.   0.50134753
   0.   -0.07119299   0.   0.   0.   0.
   0.   0.   0.   -0.24490428 -0.12834918 -0.01444013
   0.   0.   -2.05916616   0.   0.   0.   ]]

[0.]

In[38]:
```python
# 统计输出系数不为 0 的个数
(bc1.coef_ ! = 0).sum(axis = 1)
```
Out[38]:
array([10])

In[39]:
```python
# 训练模型 2
bc2 = bc2.fit(x,y)
# 输出第 2 个模型的系数和截距结果
print(bc2.coef_)
print(bc2.intercept_)
```

程序运行后输出模型 2 的系数和截距如下。

[[1.61543234e+00   1.02284415e-01   4.78483684e-02 -4.43927107e-03
  -9.42247882e-02 -3.01420673e-01 -4.56065677e-01 -2.22346063e-01
  -1.35660484e-01 -1.93917198e-02   1.61646580e-02   8.84531037e-01
   1.20301273e-01 -9.47422278e-02 -9.81687769e-03 -2.37399092e-02
  -5.71846204e-02 -2.70190106e-02 -2.77563737e-02   1.98122260e-04
   1.26394730e+00 -3.01762592e-01 -1.72784162e-01 -2.21786411e-02
  -1.73339657e-01 -8.79070550e-01 -1.16325561e+00 -4.27661014e-01
  -4.20612369e-01 -8.69820058e-02]]

[0.29727326]

In[40]:
```python
# 查看在测试集和训练集上的得分情况
b1 = []
b2 = []
b1test = []
b2test = []
plt.rcParams['font.sans-serif'] = ['SimHei']
xtrain,xtest,ytrain,ytest = train_test_split(x,y,test_size = 0.3,random_state = 30)
```

```
for i in np.linspace(0.05,1,19):
    br1 = LR(penalty = 'l1',solver = "liblinear",C = i,max_iter = 1000)
    br2 = LR(penalty = 'l2',solver = "liblinear",C = i,max_iter = 1000)
    br1 = br1.fit(xtrain,ytrain)
    b1.append(accuracy_score(br1.predict(xtrain),ytrain))
    b1test.append(accuracy_score(br1.predict(xtest),ytest))
    br2 = br2.fit(xtrain,ytrain)
    b2.append(accuracy_score(br2.predict(xtrain),ytrain))
    b2test.append(accuracy_score(br2.predict(xtest),ytest))
graph = [b1,b2,b1test,b2test]
color = ["red","black","green","gray"]
linestyle = ["-","--","-.",":"]
label = ["L1 正则(训练集)","L2 正则(训练集)","L1 正则(测试集)","L2 正则(测试集)"]
for i in range(len(graph)):
    plt.plot(np.linspace(0.05, 1, 19), graph[i], color[i], linestyle = linestyle[i], label = label[i])
    plt.legend()
plt.show()
```

模型在测试集和训练集上的得分情况如图 11-6 所示。

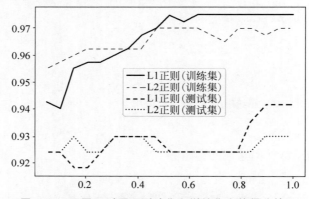

图 11-6　不同正则项下测试集和训练集上的得分情况

在训练集上,无论采用 L1 正则化处理还是采用 L2 正则化处理,所得的评分均较高。而在测试集上的评分较训练集上的评分低,模型存在过拟合情况。

例 11-22　逻辑回归中的参数调整(In[41])。

In[41]:
```
import numpy as np
from sklearn.datasets import load_breast_cancer
from sklearn.model_selection import train_test_split, GridSearchCV
from sklearn.preprocessing import StandardScaler
from sklearn.linear_model import LogisticRegression
from sklearn.metrics import accuracy_score
# 加载乳腺癌数据集
data = load_breast_cancer()
X = data.data
y = data.target
# 划分数据集为训练集和测试集
X_train, X_test, y_train, y_test = train_test_split(X, y, test_size = 0.2, random_state = 42)
# 特征标准化
```

```
scaler = StandardScaler()
X_train = scaler.fit_transform(X_train)
X_test = scaler.transform(X_test)
# 构建逻辑回归模型
log_reg = LogisticRegression(solver = 'liblinear')
# 定义超参数 C 的范围
param_grid = {'C':[0.001, 0.01, 0.1, 1, 10, 100, 1000]}
# 使用 GridSearchCV 进行交叉验证和超参数寻优
grid_search = GridSearchCV(log_reg, param_grid, cv = 5, scoring = 'accuracy')
grid_search.fit(X_train, y_train)
# 输出最佳参数和对应的交叉验证准确率
best_C = grid_search.best_params_['C']
print(f'最优 C 值:{best_C}')
# 在测试集上评估模型
best_model = grid_search.best_estimator_
ytest_predict = best_model.predict(X_test)
ytrain_predict = best_model.predict(X_train)
test_accuracy = accuracy_score(y_test, ytest_predict)
train_accuracy = accuracy_score(y_train, ytrain_predict)
print(f'采用最优 C 值后训练集上的准确率:{train_accuracy:.4f}')
print(f'采用最优 C 值后测试集上的准确率:{test_accuracy:.4f}')
```

程序运行结果如下。

```
最优 C 值:0.1
采用最优 C 值后训练集上的准确率:0.9824
采用最优 C 值后测试集上的准确率:0.9912
```

11.4 决策树和随机森林

在分类器模型中,朴素贝叶斯主要用于二分类问题,支持向量机能解决复杂的分类问题。另一个强大的分类器算法是随机森林,随机森林是一个集成算法,它通过集成多个简单的评估器形成累积效果,而这个简单的评估器就是决策树。

11.4.1 决策树

Python 决策树 DecisionTreeClassifier 模块的调用格式如下。

```
DecisionTreeClassifier(criterion = 'gini', splitter = 'best', max_depth = None, min_samples_
split = 2, min_samples_leaf = 1, min_weight_fraction_leaf = 0.0, max_features = None, random_
state = None, max_leaf_nodes = None, min_impurity_decrease = 0.0, class_weight = None, ccp_
alpha = 0.0)
```

各参数的含义如表 11-7 所示。

表 11-7 决策树参数的含义

参数	类型	意义
criterion	字符串	切分质量的衡量标准,可选 gini(表示基尼系数),或者 entropy(表示信息增益),默认值为 gini
splitter	浮点型	切分策略,best 表示选择最佳切分点,random 表示随机选择切分点,默认值为 best

续表

参 数	类 型	意 义
max_depth	整型	树的最大深度,设置为 None,则节点将被展开,直到所有叶节点都是纯净的,或者每个叶节点包含的样本数小于 min_samples_split,默认值为 None
min_samples_split	整型	切分一个内部节点所需的最小样本数。如果一个内部节点的样本数少于 min_samples_split,则不会尝试切分,默认值为 2
min_samples_leaf	浮点型	叶节点上所需的最小样本数。如果一个叶节点上的样本数少于 min_samples_leaf,则该叶节点会被剪枝,与其兄弟节点合并为一个叶节点,默认值为 1
min_weight_fraction_leaf	浮点型	叶节点上所需的最小加权样本总数的比例,默认值为 0.0
max_features	整型、浮点型、字符串或 sqrt、log2、None 之一	最佳切分时考虑的特征数,可选整数、浮点数、字符串或 sqrt、log2、None 之一。如果是整数,则特征数量是该整数值。如果是浮点数,则考虑的特征数量是 max_features * n_features。如果是字符串,则可以是 sqrt 表示考虑的特征数量是特征总数的平方根,或 log2 表示考虑的特征数量是特征总数的以 2 为底的对数。如果是 None,则考虑的特征数量是所有特征。默认值为 None
random_state	整型	随机数种子,默认值为 None
max_leaf_nodes	整型	允许的最大叶节点数,设置为 None,则叶节点数不受限制,默认值为 None
min_impurity_decrease	浮点型	切分后的不纯度的减少量小于或等于该值,则节点将被分裂,默认值为 0.0
class_weight	字符型	用于设置类别权重。它可以用来处理不均衡的数据集,以及在特定问题中调整不同类别的重要性。如果设置为 None(默认值),所有类别的权重都被视为 1,即所有类别被平等对待。如果设置为 balanced,则类别权重与输入数据中各类别的频率成反比。这对应于自动计算每个类别的权重,以使得不同类别在模型训练过程中对总体目标函数的贡献大致相等。如果设置为 class_weight 则是一个字典,可以为每个类别指定自定义的权重。字典的键是类别标签,值是相应的权重。如果设置为列表,则可以为每个类别指定自定义的权重。列表的顺序应与模型中的类别顺序相对应
ccp_alpha	浮点型	用于控制复杂度参数的最小减少量。它用于执行基于代价复杂度剪枝(Cost-Complexity Pruning)的操作。如果设置为零(默认值),则不会执行剪枝操作,决策树将保持完全生长。如果设置为一个非零的正数,则剪枝过程会进行,以限制决策树的复杂度。较小的 ccp_alpha 值会导致更复杂的树,可能会过拟合训练数据。较大的 ccp_alpha 值会导致更简化的树,可能会产生较大的偏差

例 11-23 使用决策树进行酒类品质分类任务(In[42]~In[53])。

In[42]:
```
# 导入所需要的机器学习包
from sklearn import tree
from sklearn.datasets import load_wine
from sklearn.model_selection import train_test_split
```

In[43]:
```
# 导入数据
wine = load_wine()
data,target = wine.data,wine.target
# 查看数据形状
print(data.shape)
```

程序运行后输出的数据形状如下。

(178, 13)

In[44]:
```
# 查看数据特征
print(wine.feature_names)
```

输出的数据特征名如下。

['alcohol', 'malic_acid', 'ash', 'alcalinity_of_ash', 'magnesium', 'total_phenols', 'flavanoids', 'nonflavanoid_phenols', 'proanthocyanins', 'color_intensity', 'hue', 'od280/od315_of_diluted_wines', 'proline']

In[45]:
```
# 打印数据特征矩阵
print(data)
```

程序运行后输出的数据特征矩阵如下。

[[1.423e+01 1.710e+00 2.430e+00 ··· 1.040e+00 3.920e+00 1.065e+03]
 [1.320e+01 1.780e+00 2.140e+00 ··· 1.050e+00 3.400e+00 1.050e+03]
 [1.316e+01 2.360e+00 2.670e+00 ··· 1.030e+00 3.170e+00 1.185e+03]
 ···
 [1.327e+01 4.280e+00 2.260e+00 ··· 5.900e-01 1.560e+00 8.350e+02]
 [1.317e+01 2.590e+00 2.370e+00 ··· 6.000e-01 1.620e+00 8.400e+02]
 [1.413e+01 4.100e+00 2.740e+00 ··· 6.100e-01 1.600e+00 5.600e+02]]

In[46]:
```
# 输出分类标签
print(target)
```

输出的分类标签如下。

[0 0 0 0 0 0 0 0 0 0 0 0 0 0 0 0 0 0 0 0 0 0 0 0 0 0 0 0 0 0 0 0 0 0 0 0 0 0 0 0 0 0 0 0 0 0 0 0 0 0 0 0 0 0 0 0 0 0 1 1 1 1 1 1 1 1 1 1 1 1 1 1 1 1 1 1 1 1 1 1 1 1 1 1 1 1 1 1 1 1 1 1 1 1 1 1 1 1 1 1 1 1 1 1 1 1 1 1 1 1 1 1 1 1 1 1 1 1 1 1 1 1 1 1 1 1 1 2 2 2 2 2 2 2 2 2 2 2 2 2 2 2 2 2 2 2 2 2 2 2 2 2 2 2 2 2 2 2 2 2 2 2 2 2 2 2 2 2 2 2 2 2 2 2 2]

In[47]:
```
# 输出分类标签名
wine.target_names
```
Out[47]:array(['class_0', 'class_1', 'class_2'], dtype='<U7')

In[48]:
```
# 拆分数据为训练集和测试集
x_train,x_test,y_train,y_test = train_test_split(wine.data,wine.target,test_size=0.3)
# 训练集的形状
print(x_train.shape)
```

程序运行后输出的训练集的形状如下。

(124, 13)

In[49]:
```
# 输出测试集形状
print(x_test.shape)
```

程序运行后输出的测试集的形状如下。

```
(54, 13)
```

In[50]:
```
scaler = StandardScaler()
X_train = scaler.fit_transform(X_train)
X_test = scaler.transform(X_test)
```

In[51]:
```
# 训练模型
clf = tree.DecisionTreeClassifier(criterion = "entropy"
                                  ,random_state = 5
                                  ,splitter = 'random'
                                  ,max_depth = 6
                                  )
clf = clf.fit(x_train,y_train)
score_train = clf.score(x_train,y_train)
score_test = clf.score(x_test,y_test)
print("训练集误差:%.4f" % score_train)
print("测试集误差:%.4f" % score_test)
```

模型在训练集和测试集上的误差如下。

```
训练集误差: 1.0000
测试集误差: 0.9444
```

从运行结果看,训练集上误差小,测试集上误差大,具有一定的过拟合现象。

In[52]:
```
# 参数调优,对树的深度参数进行调整
import matplotlib.pyplot as plt
plt.rcParams['font.sans-serif'] = ['SimHei']
test = []
for i in range(10):
    clf = tree.DecisionTreeClassifier(criterion = "entropy"
                                      ,random_state = 5
                                      ,splitter = 'random'
                                      ,max_depth = i + 1
                                      )
    clf = clf.fit(X_train,Y_train)
    score = clf.score(X_test,Y_test)
    test.append(score)
plt.plot(range(1,11),test,color = "red",label = "树的最大深度")
plt.legend()
plt.show()
```

程序运行后输出如图 11-7 所示的图形。

In[53]:
```
# 设置树的最大深度为 5,对模型进行训练
# 设置模型
clf = tree.DecisionTreeClassifier(criterion = "entropy"
                                  ,random_state = 5
```

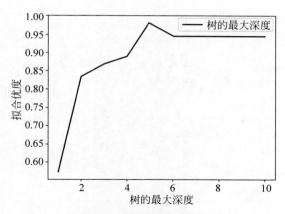

图 11-7 树的深度参数寻优

```
                    ,splitter = 'random'
                    ,max_depth = 5
                    )
clf = clf.fit(X_train,Y_train)
score_train = clf.score(X_train,Y_train)
score_test = clf.score(X_test,Y_test)
print("训练集误差：%.4f" % score_train)
print("测试集误差：%.4f" % score_test)
```

程序运行后输出的训练集和测试集上的误差如下。

训练集误差：0.9919
测试集误差：0.9815

例 11-24 使用决策树对 make_blobs 数据集进行分类(In[54]～In[55])。

In[54]:
```
#导入模型所需要的机器学习包
import matplotlib.pyplot as plt
from sklearn.datasets import make_blobs
plt.rcParams['font.sans-serif'] = ['SimHei']
plt.rcParams['axes.unicode_minus'] = False
#导入数据集
x,y = make_blobs(n_samples = 300
                ,centers = 4
                ,random_state = 0
                )
cluster1 = x[y == 0]
cluster2 = x[y == 1]
cluster3 = x[y == 2]
cluster4 = x[y == 3]
plt.title('make_blobs 数据集散点图')
plt.scatter(cluster1[:, 0], cluster1[:, 1], marker = 'o', label = 'Cluster 1')
plt.scatter(cluster2[:, 0], cluster2[:, 1], marker = 's', label = 'Cluster 2')
plt.scatter(cluster3[:, 0], cluster3[:, 1], marker = 'p', label = 'Cluster 3')
plt.scatter(cluster4[:, 0], cluster4[:, 1], marker = 'd', label = 'Cluster 4')
plt.xlabel('x')
plt.ylabel('y')
plt.legend()
plt.show()
```

程序运行后输出如图 11-8 所示的图形。

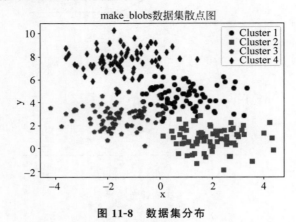

图 11-8　数据集分布

In[55]:
```
#训练模型
from sklearn.tree import DecisionTreeClassifier
import numpy as np
tree = DecisionTreeClassifier().fit(x,y)
#导入数据集
x,y = make_blobs(n_sample = 300,centers = 4,random_state = 0)
cluster1 = x[y == 0]
cluster2 = x[y == 1]
cluster3 = x[y == 2]
cluster4 = x[y == 3]
plt.title('make_blobs 数据集散点图')
ax = plt.gca()
ax.scatter(x[:,0],x[:,1],c = y,s = 30,cmap = "rainbow")
x_min,x_max = x[:,0].min() - .5,x[:,0].max() + .5
y_min,y_max = x[:,1].min() - .5,x[:,1].max() + .5
xx,yy = np.mgrid[x_min:x_max:200j,y_min:y_max:200j]
z = tree.predict(np.c_[xx.ravel(),yy.ravel()]).reshape(xx.shape)
ax.contour(xx,yy,z,colors = ['k','k','k'],linestyles = ['--','-','--'],levels = [-1,0,1])
plt.legend()
plt.xlabel('x')
plt.ylabel('y')
plt.show()
```

程序运行后输出如图 11-9 所示的决策树分类结果。

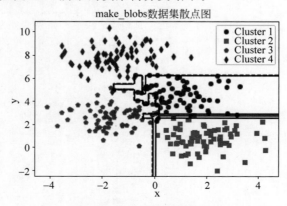

图 11-9　决策树分类结果

11.4.2 随机森林

RandomForestClassifier 是 scikit-learn 库中的一个类,用于实现随机森林分类器。随机森林是一种集成学习方法,通过组合多个决策树来进行分类。Python 随机森林机器学习包的调用形式如下。

RandomForestClassifier(n_estimators = 100, criterion = 'gini', max_depth = None, min_samples_split = 2, min_samples_leaf = 1, min_weight_fraction_leaf = 0.0, max_features = 'auto', max_leaf_nodes = None, min_impurity_decrease = 0.0, bootstrap = True, oob_score = False, n_jobs = None, random_state = None, verbose = 0, warm_start = False, class_weight = None, ccp_alpha = 0.0, max_samples = None)

RandomForestClassifier 的参数含义如表 11-8 所示。

表 11-8 随机森林参数的含义

参 数	类 型	含 义
n_estimators	整型	随机森林中决策树的数量(默认值为 100)
criterion	浮点型	同 11.4.1 节的 DecisionTreeClassifier 类
max_depth	整型	同 11.4.1 节的 DecisionTreeClassifier 类
min_samples_split	整型	同 11.4.1 节的 DecisionTreeClassifier 类
min_samples_leaf	浮点型	同 11.4.1 节的 DecisionTreeClassifier 类
min_weight_fraction_leaf	浮点型	同 11.4.1 节的 DecisionTreeClassifier 类
max_features	同 11.4.1 节的 DecisionTreeClassifier 类	同 11.4.1 节的 DecisionTreeClassifier 类
max_leaf_nodes	整型	同 11.4.1 节的 DecisionTreeClassifier 类
min_impurity_decrease	浮点型	同 11.4.1 节的 DecisionTreeClassifier 类
bootstrap	字符型	用于设置类别权重。它可以用来处理不均衡的数据集,以及在特定问题中调整不同类别的重要性。如果设置为 None(默认值),所有类别的权重都被视为 1,即所有类别被平等对待。如果设置为 balanced,则类别权重与输入数据中各类别的频率成反比。这对应于自动计算每个类别的权重,以使得不同类别在模型训练过程中对总体目标函数的贡献大致相等。如果设置为 class_weight 则是一个字典,可以为每个类别指定自定义的权重。字典的键是类别标签,值是相应的权重。如果设置为列表,则可以为每个类别指定自定义的权重。列表的顺序应与模型中的类别顺序相对应
oob_score	字符型	用于控制复杂度参数的最小减少量。它用于执行基于代价复杂度剪枝(Cost-Complexity Pruning)的操作。如果值设置为零(默认值),则不会执行剪枝操作,决策树将保持完全生长。如果设置的值为一个非零的正数,则剪枝过程会进行,以限制决策树的复杂度。较小的 ccp_alpha 值会导致更复杂的树,可能会过拟合训练数据。较大的 ccp_alpha 值会导致更简化的树,可能会产生较高的偏差

续表

参　数	类　型	含　义
n_jobs	整型	并行运行的作业数(默认值为 None)
random_state	浮点型	同 11.4.1 节的 DecisionTreeClassifier 类
verbose	整型	控制决策树建立过程中的输出信息详细程度。默认值为 0,表示不输出任何中间过程信息;设其为 1 时,表示打印每个决策树的训练进度
warm_start	浮点型	控制是否在原有基础上重新训练随机森林模型,以增量式学习的方式更新模型。默认值为 False,表示不会重复使用之前的结果
class_weight	同 11.4.1 节的 DecisionTreeClassifier 类	同 11.4.1 节的 DecisionTreeClassifier 类
ccp_alpha	同 11.4.1 节的 DecisionTreeClassifier 类	同 11.4.1 节的 DecisionTreeClassifier 类
max_samples	整型或者浮点型	决策树在构建子树时随机抽取的特征样本数,可以是一个整数或浮点数(如 0.5 表示取样本总数的 50%)。默认情况下,每棵决策树都使用与原始训练集大小相等的样本数和特征数

例 11-25 随机森林识别手写数字使用随机森林识别手写数据集(In[56]～In[59])。

In[56]:
```
# 导入 load_digits 数据集
from sklearn.datasets import load_digits
import matplotlib.pyplot as plt
digits = load_digits()
# 输出数据集的键名
print(digits.keys())
```

程序运行后的数据集的键名如下。

```
dict_keys(['data', 'target', 'frame', 'feature_names', 'target_names', 'images', 'DESCR'])
```

In[57]:
```
# 查看手写数据内容
fig = plt.figure()
fig.subplots_adjust(left = 0, right = 1, bottom = 0, top = 1, hspace = 0.05, wspace = 0.05)
for i in range(64):
    ax = fig.add_subplot(8,8,i+1,xticks = [],yticks = [])
    ax.imshow(digits.images[i],cmap = plt.cm.binary,interpolation = 'nearest')
plt.show()
print(ax.text(0,7,str(digits.target[i])))
```

程序运行后输出如图 11-10 所示的图形。

```
Text(0, 7, '3')
```

以上程序段输出结果显示第 0 行第 7 列的手写数据集的值为 3。

In[58]:
```
# 训练模型
from sklearn.model_selection import train_test_split
from sklearn.ensemble import RandomForestClassifier
```

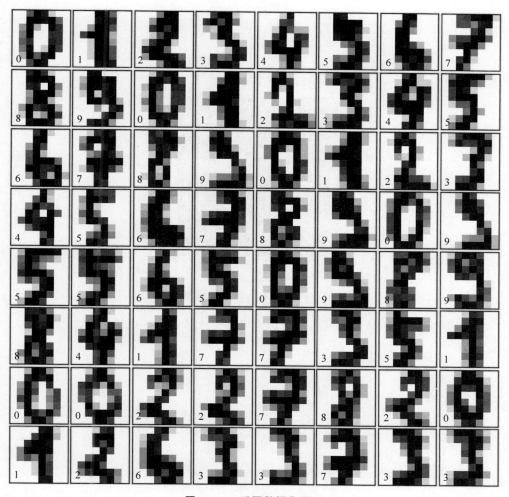

图 11-10 手写数据集图形

```
xtrain,xtest,ytrain,ytest = train_test_split(digits.data,digits.target,random_state = 30)
clf = RandomForestClassifier(n_estimators = 100)
clf.fit(xtrain,ytrain)
ypred = clf.predict(xtest)
print("训练集精度：% 6.2f" % clf.score(xtrain,ytrain))
print("测试集精度：% 6.2f" % clf.score(xtest,ytest))
```

输出训练集和测试集的分类精度如下。

训练集精度： 1.00
测试集精度： 0.97

In[59]:
```
# 通过混淆矩阵查看模型分类效果
from sklearn.metrics import confusion_matrix
import matplotlib.pyplot as plt
import seaborn as sns
sns.set()
sns.heatmap(mat.T,square = True,annot = True,fmt = 'd',cbar = False)
mat = confusion_matrix(ytest,ypred)
```

```
sns.heatmap(mat.T,square = True)
plt.xlabel('true label')
plt.ylabel('predicted label')
plt.show()
```

程序运行后输出如图 11-11 所示的手写数据集预测的热力图图形。

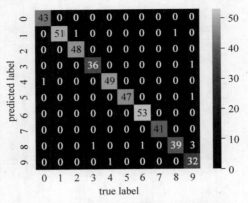

图 11-11 手写数据集预测的热力图

例 11-26 使用随机森林对乳腺癌数据集进行参数寻优(In[60]~In[64])。

In[60]:
```
#导入所需要的机器学习包
import numpy as np
import pandas as pd
from sklearn.datasets import load_breast_cancer
from sklearn.ensemble import RandomForestClassifier
from sklearn.model_selection import GridSearchCV
from sklearn.model_selection import cross_val_score
import matplotlib.pyplot as plt
```

In[61]:
```
#导入数据集
data = load_breast_cancer()
print(data.keys())
```

程序运行后输出的数据集的键值如下。

```
dict_keys(['data', 'target', 'frame', 'target_names', 'DESCR', 'feature_names', 'filename', 'data_module'])
```

In[62]:
```
#获取数据和标签
data,target = data.data,data.target
#训练模型
clf = RandomForestClassifier(n_estimators = 100,random_state = 90)
score_pre = cross_val_score(clf,data,target,cv = 10).mean()
print("预测精度:%6.2f" % score_pre)
```

程序运行后输出的模型准确度如下。

预测精度: 0.96

In[63]:
```
#随机森林树的个数寻优
```

```
import matplotlib as mpl
mpl.rcParams['font.sans-serif'] = ['SimHei']
mpl.rcParams['axes.unicode_minus'] = False
score1 = []
for i in range(1,200,10):
    rfc = RandomForestClassifier(n_estimators = i,n_jobs = -1,
                                 random_state = 90)
    score = cross_val_score(rfc,data,target,cv = 10).mean()
    score1.append(score)
print(max(score1),(score1.index(max(score1)) * 10) + 1)
plt.figure()
plt.plot(range(1,200,10),score1)
plt.xlabel('树的个数')
plt.ylabel('交叉验证得分')
plt.show()
```

程序运行结果如下。

0.9631265664160402 71

由上述运算结果可得树的最优个数为 71 个,最大交叉验证得分为 0.96。树的个数和交叉验证得分情况如图 11-12 所示。

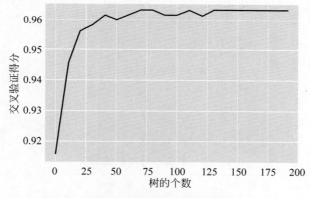

图 11-12 交叉验证得分情况

In[64]:
```
#数的最大深度参数寻优
from sklearn.model_selection import GridSearchCV
param_grid = {'max_depth':np.arange(1,20,1)}
rfc = RandomForestClassifier(n_estimators = 39,
                             n_jobs = -1,
                             random_state = 90)
GS = GridSearchCV(rfc,param_grid,cv = 10)
GS.fit(data,target)
GridSearchCV(cv = 10,
estimator = RandomForestClassifier(n_estimators = 39, n_jobs = -1,
random_state = 90),
param_grid = {'max_depth': np.array([ 1,  2,  3,  4,  5,  6,  7,  8,  9,
10, 11, 12, 13, 14, 15, 16, 17, 18, 19])})
#输出分类结果
print("最优精度:%6.2f" % GS.best_score_)
print("最大深度:",GS.best_params_)
```

输出的分类结果如下。

最优精度: 0.96
最大深度: {'max_depth': 6}

11.5 朴素贝叶斯分类

朴素贝叶斯分类器(Naive Bayes Classifier,NBC)源于古典数学理论,有着坚实的数学基础,具有分类效率稳定、参数少、对缺失数据不敏感,算法简单等优点。但 NBC 的适用条件是模型假设属性之间相互独立,这个假设在实际应用中往往是不成立的,这给 NBC 模型的正确分类带来了一定影响。朴素贝叶斯之所以被称为"朴素",是因为朴素贝叶斯假定各特征是相互独立的,这个假设使得朴素贝叶斯更加简单,但有时会牺牲一定的分类准确率。

NBC 的基本原理可总结如下:设 X 为某数据集的特征集合,假设样本特征集合 X 中各特征相互独立,Y 为标签集合,现需要确定具有某些特征的样本属于某个标签的概率,即

$$P(Y|X) = \frac{P(Y)P(X|Y)}{P(X)} \tag{11-26}$$

设数据集 Y 有 m 个标签,$Y=(y_1,y_2,y_3,\cdots,y_m)$,$X$ 有 n 个特征 $X=(x_1,x_2,x_3,\cdots,x_n)$,因数据集各特征之间相互独立,若某样本的特征表示为 $x_1,x_2,\cdots,x_n$,则其为标签 y_i 的概率可表示为

$$P(y_i|x_1,x_2,\cdots,x_n) = \frac{P(y_i)\prod_{j}^{n}P(x_j|y_i)}{\prod_{j}^{n}P(x_j)}, i=1,2,\cdots,m \tag{11-27}$$

sklearn 库提供了 4 类朴素贝叶斯模型,如表 11-9 所示。

表 11-9 朴素贝叶斯分类模型

分类模型	模型含义	分类模型	模型含义
BernoulliNB	伯努利分布下的朴素贝叶斯	MultinomialNB	多项式分布下的朴素贝叶斯
GaussianNB	高斯分布下的朴素贝叶斯	ComplementNB	补集朴素贝叶斯

11.5.1 多项式朴素贝叶斯分类器

MultinomialNB 是 scikit-learn 库中的一个类,用于实现多项式朴素贝叶斯分类器。多项式朴素贝叶斯适用于处理离散特征的分类问题,通常用于文本分类。Python 的 MultinomialNB 模块的定义如下:

MultinomialNB(alpha = 1.0, fit_prior = True, class_prior = None)

其参数的含义如表 11-10 所示。

表 11-10 Python MultinomialNB 参数的含义

参 数	类 型	意 义
alpha	浮点型	平滑参数,其作用是防止在训练数据中出现的特征在测试数据中未观察到时出现概率为 0 的情况,默认值为 1

续表

参 数	类 型	意 义
fit_prior	布尔型	如果设置为 True，则从训练数据中学习类别的先验概率。如果设置为 False，则使用均匀的类别先验概率。默认为 True
class_prior	数组，形状为(n_classes,)	用于指定类别的先验概率。它应该是一个类似数组的对象，包含每个类别的先验概率。如果不提供，则从训练数据中推断先验概率。默认值为 None

11.5.2 补集朴素贝叶斯分类器

ComplementNB 是 scikit-learn 中实现补集朴素贝叶斯算法的类，Python 的 ComplementNB 模块的定义如下。

ComplementNB(alpha = 1.0, fit_prior = True, class_prior = None, norm = False)

其参数的含义如表 11-11 所示。

表 11-11 Python ComplementNB 参数的含义

参 数	类 型	意 义
alpha	浮点数	同 11.5.1 节的 MultinomialNB 类
fit_prior	布尔型	同 11.5.1 节的 MultinomialNB 类
class_prior	数组，形状为(n_classes)	同 11.5.1 节的 MultinomialNB 类
norm	布尔型	如果设置为 True，则使用特征向量的 L2 范数进行权重归一化，默认为 False

11.5.3 伯努利贝叶斯分类器

Bernoulli 贝叶斯分类器是一种基于朴素贝叶斯算法的分类器，用于处理二元特征数据。它假设每个特征都服从二元伯努利分布，即每个特征的取值只能是 0 或 1。Python 的 BernoulliNB 模块的定义如下。

BernoulliNB(alpha = 1.0, binarize = 0.0, fit_prior = True, class_prior = None)

其参数的含义如表 11-12 所示。

表 11-12 Python BernoulliNB 参数的含义

参 数	类 型	意 义
alpha	浮点型	同 11.5.1 节的 MultinomialNB 类
binarize	浮点型或 None	特征的二值化阈值。如果设置为 None，则假定特征已经二值化
fit_prior	布尔型	同 11.5.1 节的 MultinomialNB 类
class_prior	数组，形状为(n_classes)	同 11.5.1 节的 MultinomialNB 类

11.5.4 高斯贝叶斯分类器

高斯贝叶斯分类器(Gaussian Naive Bayes Classifier)是一种基于贝叶斯定理和假设特征之间服从高斯分布的分类器。它是朴素贝叶斯分类器的一种扩展。高斯贝叶斯分类器假设每个特征的取值都是连续的,并且这些特征在给定类别下服从独立的高斯分布。基于这些假设,它通过计算每个类别的后验概率来进行分类,然后选择具有最高后验概率的类别作为预测结果。Python 的 Gaussian 模块的定义如下。

GaussianNB(priors = None, var_smoothing = 1e - 09)

其参数的含义如表 11-13 所示。

表 11-13　Python GaussianNB 参数的含义

参　　数	类　　型	意　　义
priors	数组,形状为(n_classes)	指定类别的先验概率。如果不提供,则根据训练数据计算先验概率,默认值为 None
var_smoothing	浮点数	方差平滑参数,用于处理可能为零的方差。将该值添加到样本方差中,可以防止概率计算中出现除以零的情况。默认值为 1e-09

例 11-27　使用伯努利朴素贝叶斯 make_blobs 进行分类(In[65]~In[68])。

In[65]:
```
#导入所需要的机器学习库
import numpy as np
import matplotlib.pyplot as plt
from matplotlib.colors import ListedColormap
from sklearn.model_selection import train_test_split
from sklearn.preprocessing import StandardScaler
from sklearn.datasets import make_blobs
from sklearn.naive_bayes import BernoulliNB
```
In[66]:
```
#加载 make_blobs 数据集
x,y = make_blobs(n_samples = 100,centers = 2,random_state = 0)
x = StandardScaler().fit_transform(x)
#数据集拆分为训练集和测试集
x_train,x_test,y_train,y_test = train_test_split(x,y,test_size = 0.4,random_state = 30)
#创建伯努利朴素贝叶斯分类器,并在训练集上训练模型
clf = BernoulliNB().fit(x_train,y_train)
#计算分类准确率
score = clf.score(x_test,y_test)
print(score)
#make_blobs 数据集散点图
cluster1 = x[y == 0]
cluster2 = x[y == 1]
plt.title('make_blobs 数据集散点图')
plt.scatter(cluster1[:, 0], cluster1[:, 1], marker = 'o', label = 'Cluster 1')
plt.scatter(cluster2[:, 0], cluster2[:, 1], marker = 's', label = 'Cluster 2')
plt.xlabel('x')
plt.ylabel('y')
plt.legend()
plt.show()
```

程序运行结果如下。

0.95

输出的数据集散点图如图 11-13 所示。

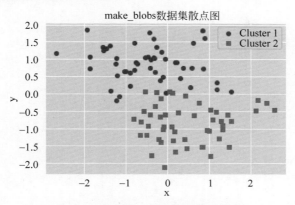

图 11-13　make_blobs 数据集散点图

In[67]:
```
#输出第一个点的坐标值
print(x[0,0])
print(x[0,1])
```

程序运行后输出的第一个点的坐标值如下。

2.9164436129624645
-0.12415094019155223

In[68]:
```
#对第一个点进行分类预测
x1 = np.array([[2.91644,-0.12415]])
cf1 = clf.predict(x1)
print(cf1)
```

程序运行后输出的第一个点的分类结果如下。

[1]

高斯朴素贝叶斯适用于数据标签符合高斯分布的分类。下面以高斯朴素贝叶斯对 make_blobs 数据集分类为例对分类过程进行介绍。

例 11-28　使用高斯朴素贝叶斯 make_blobs 数据集进行分类(In[69]~In[71])。

In[69]:
```
#导入模型需要的机器学习库
import numpy as np
import matplotlib.pyplot as plt
from matplotlib.colors import ListedColormap
from sklearn.datasets import make_blobs
from sklearn.naive_bayes import GaussianNB
x,y = make_blobs(n_samples = 100,centers = 2,random_state = 0)
clf = GaussianNB().fit(x,y)
score = clf.score(x,y)
print(score)
```

程序运行后输出的分类准确率如下。

```
0.95
```

画出训练集和测试集数据图,示例程序如下。

```
In[70]:
  cluster1 = x_train[y_train == 0]
  cluster2 = x_train[y_train == 1]
  cluster3 = x_test[y_test == 0]
  cluster4 = x_test[y_test == 1]
  plt.title('make_blobs 数据集散点图')
  plt.scatter(cluster1[:, 0], cluster1[:, 1], marker = 'o', label = 'Cluster 1')
  plt.scatter(cluster2[:, 0], cluster2[:, 1], marker = 's', label = 'Cluster 2')
  plt.xlabel('x')
  plt.ylabel('y')
  plt.legend()
  plt.show()
```

程序运行后输出如图 11-14 所示的 make_blobs 数据集散点图。

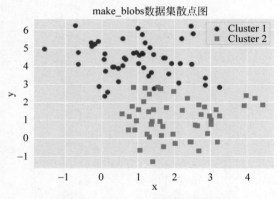

图 11-14　make_blobs 数据集散点图

可通过 predict_proba 计算测试样本所属的标签概率,示例程序如下。

```
In[71]:
  yprob = clf.predict_proba(x_test)
  # 显示最后 8 个测试样本的分类概率,并保留小数点后两位
  yprob[-8:].round(2)
Out[71]:
  array([[0.11, 0.89],
         [0.  , 1.  ],
         [0.97, 0.03],
         [1.  , 0.  ],
         [0.  , 1.  ],
         [0.  , 1.  ],
         [1.  , 0.  ],
         [0.06, 0.94]])
```

例 11-29　使用高斯朴素贝叶斯对手写字符数据集进行分类(In[72]～In[77])。

```
In[72]:
```

```python
# 导入模型所需要的机器学习包
import numpy as np
from sklearn.naive_bayes import GaussianNB
from sklearn.datasets import load_digits
from sklearn.model_selection import train_test_split
import matplotlib.pyplot as plt
from sklearn.metrics import accuracy_score
```

In[73]:
```python
# 加载手写字符数据集
digits = load_digits()
# 输出数据
print(digits.data)
```

程序运行后输出数据的特征矩阵如下。

```
[[ 0.  0.  5. ...  0.  0.  0.]
 [ 0.  0.  0. ... 10.  0.  0.]
 [ 0.  0.  0. ... 16.  9.  0.]
 ...
 [ 0.  0.  1. ...  6.  0.  0.]
 [ 0.  0.  2. ... 12.  0.  0.]
 [ 0.  0. 10. ... 12.  1.  0.]]
```

In[74]:
```python
# 输出数据的标签
print(digits.target)
```

程序运行后的手写数据集的标签如下。

```
[0 1 2 ... 8 9 8]
```

In[75]:
```python
# 将数据集拆分为训练集和测试集
x,y = digits.data,digits.target
xtrain,xtest,ytrain,ytest = train_test_split(x,y,test_size = 0.3,random_state = 30)
# 数据集特征矩阵的形状
print(x.shape)
```

程序运行后输出的数据集的特征矩阵形状如下。

```
(1797, 64)
```

In[76]:
```python
# 创建高斯朴素贝叶斯分类器,并在训练集上训练模型
gnb = GaussianNB().fit(xtrain,ytrain)
# 计算分类器的准确率
acc_score = gnb.score(xtest,ytest)
print(acc_score)
```

程序运行后分类器在测试集上的准确率如下。

```
0.8388888888888889
```

In[77]:
```python
# 对测试集进行预测
y_pred = gnb.predict(xtest)
# 输出预测结果
y_pred
```

程序运行后输出的测试集上的预测结果如下。

```
Out[77]:
  array([7, 9, 6, 5, 3, 3, 8, 2, 1, 5, 5, 8, 1, 2, 8, 1, 5, 1, 8, 8, 1, 0,
         8, 0, 3, 5, 4, 8, 0, 5, 2, 5, 1, 7, 5, 8, 3, 2, 9, 4, 9, 0, 5, 3,
         1, 6, 9, 6, 0, 9, 4, 9, 4, 4, 4, 2, 6, 2, 5, 5, 8, 6, 9, 6, 9, 7,
         3, 8, 7, 1, 4, 8, 0, 1, 6, 1, 6, 2, 5, 7, 8, 5, 1, 8, 7, 6, 9, 2,
         4, 5, 5, 8, 8, 0, 1, 2, 5, 4, 1, 8, 7, 8, 6, 8, 1, 0, 6, 0, 8, 0,
         3, 1, 5, 8, 4, 1, 4, 6, 7, 8, 0, 9, 6, 8, 6, 8, 8, 8, 1, 5, 0,
         2, 4, 0, 6, 0, 4, 1, 1, 8, 7, 9, 4, 7, 6, 3, 6, 7, 8, 6, 1, 6, 6,
         7, 2, 1, 3, 4, 0, 7, 7, 2, 2, 0, 7, 4, 7, 6, 1, 5, 6, 0, 1, 1, 1,
         4, 8, 3, 6, 5, 4, 0, 2, 7, 3, 6, 8, 3, 7, 4, 0, 8, 5, 1, 1, 7,
         6, 3, 5, 3, 2, 9, 9, 9, 3, 4, 4, 1, 0, 2, 7, 1, 8, 4, 8, 7, 9, 7,
         0, 6, 8, 7, 3, 8, 3, 5, 7, 1, 3, 0, 3, 6, 7, 5, 0, 8, 6, 3, 2, 0,
         5, 2, 8, 7, 1, 4, 8, 0, 6, 6, 7, 8, 2, 8, 6, 8, 6, 8, 4, 5, 7, 9,
         1, 1, 8, 9, 6, 7, 5, 6, 0, 2, 4, 3, 2, 2, 1, 7, 7, 5, 5, 5, 2,
         5, 7, 8, 4, 6, 3, 9, 8, 8, 3, 5, 7, 1, 0, 7, 6, 6, 8, 6, 1, 1, 7,
         7, 0, 0, 5, 8, 3, 5, 8, 6, 8, 4, 1, 9, 7, 8, 5, 5, 7, 6, 3, 8, 0,
         7, 0, 6, 8, 0, 5, 1, 8, 6, 5, 0, 0, 2, 6, 1, 9, 6, 9, 5, 1, 8, 4,
         5, 2, 2, 6, 1, 1, 6, 5, 2, 2, 5, 9, 4, 9, 5, 4, 1, 4, 4, 5, 4,
         6, 5, 6, 3, 4, 1, 0, 7, 2, 3, 0, 3, 8, 4, 6, 6, 7, 8, 0, 7, 1, 4,
         0, 7, 0, 7, 8, 8, 6, 1, 1, 4, 7, 4, 4, 0, 6, 9, 4, 9, 1, 1, 0, 5,
         5, 2, 2, 6, 4, 7, 1, 6, 2, 7, 7, 7, 8, 3, 2, 7, 7, 0, 3, 4, 8, 6,
         6, 6, 3, 3, 3, 2, 7, 5, 5, 7, 3, 0, 9, 5, 9, 5, 6, 7, 2, 2, 1, 9,
         7, 3, 9, 9, 0, 0, 0, 0, 0, 3, 5, 2, 6, 7, 8, 5, 6, 3, 6, 1, 5, 1,
         2, 4, 7, 7, 0, 4, 4, 2, 9, 8, 6, 1, 7, 1, 0, 4, 7, 1, 5, 3, 2, 5,
         3, 3, 7, 5, 1, 2, 2, 8, 0, 4, 7, 0, 4, 2, 6, 5, 2, 3, 3, 6, 0, 2,
         4, 8, 0, 1, 5, 9, 1, 1, 7, 0, 4, 0])
```

🔑 11.6 支持向量机

支持向量机(Support Vector Machine,SVM)是一种常用的监督学习算法,用于进行分类和回归任务。它的主要思想是通过寻找一个最优的超平面来对不同类别的样本进行分割。

在支持向量机中,关键概念是支持向量,它们是离超平面最近的训练样本点。SVM 的目标是找到一个最优的超平面,使得离超平面最近的样本点到超平面的距离最大化。这个距离被称为间隔(margin)。通过最大化间隔,SVM 能够提高分类的准确性和泛化能力。SVM 的核心概念和参数如下。

(1) 核函数(Kernel Function):在处理非线性问题时,SVM 使用核函数将输入特征映射到高维特征空间。常见的核函数包括线性核、多项式核和高斯核等。

(2) C 参数:C 参数控制着间隔的宽度和分类错误的惩罚。较小的 C 值会产生较大的间隔,但可能容忍一些分类错误。较大的 C 值会产生较小的间隔,但会更强调正确分类。

(3) gamma 参数:gamma 参数用于高斯核函数,控制每个样本对决策边界的影响程度。较大的 gamma 值会使每个样本的影响范围变小,决策边界更加关注局部区域。

(4) 类别权重(class_weight):用于处理不平衡的数据集,通过为不同类别设置权重来平衡分类器的训练过程。

SVC 是 scikit-learn 库中的一个类,用于实现支持向量机分类器。SVC 的调用形式如下。

```
SVC(C = 1.0, kernel = 'rbf', degree = 3, gamma = 'scale', coef0 = 0.0, shrinking = True, probability = False, tol = 0.001, cache_size = 200, class_weight = None, verbose = False, max_iter = -1, decision_function_shape = 'ovr', break_ties = False, random_state = None)
```

SVC 参数的含义如表 11-14 所示。

表 11-14　SVC 参数的含义

参　　数	类　　型	意　　义
C	浮点型	惩罚项参数,用于控制分类器的复杂性。较小的 C 值会导致较大的间隔,但可能会容忍更多的错误分类,默认为 1.0
kernel	字符型	指定核函数的类型。常见的选项包括 linear(线性核函数)、poly(多项式核函数)和 rbf(径向基核函数),默认为 rbf
degree	整型	多项式核函数的阶数。仅当 kernel 为 poly 时才有用,默认为 3
gamma	{scale, auto} 或浮点型	设置为 scale,则根据特征的标准差自动计算。设置为 auto,则会根据特征数自动计算。较小的 gamma 值表示较大的核函数影响范围,默认为 scale。用于控制每个样本对决策边界的影响程度。较大的 gamma 值会使每个样本的影响范围变小,决策边界更加关注局部区域。可以设置为 scale(自动根据特征数量进行缩放)或 auto(相当于 1/n_features)
coef0	浮点型	核函数中的独立项。只有在使用多项式核函数或 Sigmoid 核函数时才需要设置该参数,默认为 0.0
shrinking	布尔型	是否使用收缩启发式算法来加速计算。在训练集较大时,可以考虑禁用收缩以节省计算时间,默认为 True
probability	布尔型	是否启用概率估计。如果设置为 True,可以使用 predict_proba 方法输出概率,默认为 False
tol	浮点型	停止训练的容忍度,默认为 0.001
cache_size	浮点型	内核缓存大小(以 MB 为单位),用于缓存核矩阵,以加快训练速度的浮点数,默认为 200MB
class_weight	字典或 balanced	用于类别权重设定。可用于处理类别不平衡的情况,默认为 None
verbose	布尔型	是否输出详细的日志信息,默认为 False
max_iter	整型	求解器的最大迭代次数。默认为 -1,表示无限制
decision_function_shape	{ovo, ovr}	多类问题的决策函数形状。ovo 表示一对一(One-vs-One)策略,ovr 表示一对其余(One-vs-Rest)策略,默认为 'ovr'
break_ties	布尔型	是否在决策函数值相同时,根据类别间的频率进行决策,默认为 False
random_state	整型	控制随机性的随机种子。用于控制随机数生成的种子,以确保结果的可重复性。如果设置为某个整数值,每次运行时将生成相同的随机数序列,默认值为 None

其模型输出参数的含义如表 11-15 所示。

表 11-15　Python 支持向量机模型输出参数的含义

输 出 参 数	含　　义
support_	支持向量的索引。返回支持向量在训练集中的索引
support_vectors_	支持向量的值。返回支持向量的特征值
n_support_	每个类别的支持向量数目。返回一个数组，包含每个类别的支持向量数量
dual_coef_	决策函数中支持向量的系数。返回一个数组，包含每个支持向量的系数
coef_	决策函数中特征的权重系数。仅在线性核函数时可用。返回一个数组，包含每个特征的权重系数
intercept_	决策函数的截距。返回一个数组，包含每个类别的截距

例 11-30　使用支持向量机对 make_blobs 数据集进行分类(In[78]～In[85])。

In[78]:
```
#导入所需要的机器学习库
from sklearn.datasets import make_blobs
from sklearn.svm import SVC
import matplotlib.pyplot as plt
import numpy as np
#生成 make_blobs 数据集
x,y = make_blobs(n_samples = 50,centers = 2,random_state = 0,cluster_std = 0.6)
#显示 make_blobs 数据集
cluster = x[y == 0]
cluster = x[y == 1]
plt.title('make_blobs 数据集散点图')
ax = plt.gca()
x_lim = ax.get_xlim()
y_lim = ax.get_ylim()
plt.scatter(cluster1[:,0],cluster1[:,1],marker = 'p',label = 'Cluster1')
plt.scatter(cluster2[:,0],cluster2[:,1],marker = '*',label = 'Cluster2')
plt.xlabel('x')
plt.ylabel('y')
plt.legend()
plt.show()
```

程序运行后输出如图 11-15 所示的预测分类结果热力图。

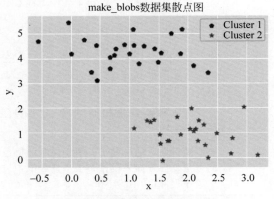

图 11-15　预测分类结果热力图

In[79]:
```
#训练模型和画出支持向量轮廓
axisx = np.linspace(x_lim[0],x_lim[1],30)
axisy = np.linspace(y_lim[0],y_lim[1],30)
axisx,axisy = np.meshgrid(axisx,axisy)
xy = np.vstack([axisx.ravel(),axisy.ravel()]).T
clf = SVC(kernel = "linear").fit(x,y)
z = clf.decision_function(xy).reshape(axisx.shape)
plt.scatter(cluster1[:,0],cluster1[:,1],marker = 'p',label = 'Cluster 1')
plt.scatter(cluster2[:,0],cluster2[:,1],marker = '*',label = 'Cluster 2')
clf.decision_function(x[10].reshape(1,2))
ax = plt.gca()
ax.contour(axisx,axisy,z
           ,colors = "k"
           ,levels = [-1,0,1]
           ,alpha = 0.5
           ,linestyles = ["--","-","--"])
plt.xlabel('x')
plt.ylabel('y')
plt.legend()
plt.show()
```

程序运行后输出如图 11-16 所示的支持向量轮廓示意图。

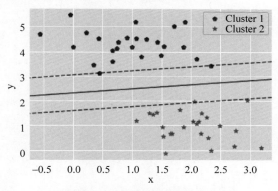

图 11-16 支持向量轮廓示意图

In[80]:
```
#使用模型对 x[5]进行预测,首先获取 x[5]的坐标值
x[5]
```
Out[80]:
```
array([2.73890793, 0.15676817])
```
In[81]:
```
#显示 x[5]坐标位置
plt.scatter(cluster1[:,0],cluster1[:,1],marker = 'p',label = 'Cluster 1')
plt.scatter(cluster2[:,0],cluster2[:,1],marker = '*',label = 'Cluster 2')
plt.scatter(x[5,0],x[5,1],c = "black",s = 50,cmap = "rainbow")
plt.xlabel('x')
plt.ylabel('y')
plt.legend()
plt.show()
```

程序运行后输出如图 11-17 所示的预测点示意图。

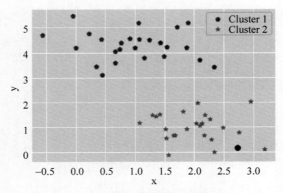

图 11-17　预测点示意图

In[82]:
```
#对 x[5]进行分类预测
x5 = np.array([[2.73890793,0.15676817]])
clf.predict(x5)
```

输出 x[5]的类别值为：

Out[82]:
```
array([1])
```

In[83]:
```
#计算分类器的准确率
clf.score(x,y)
```

程序运行后输出分类器的准确率如下。

Out[83]:
1.0

In[84]:
```
#输出模型的支持向量
clf.support_vectors_
```

程序运行后模型的支持向量如下。

Out[84]:
```
array([[0.44359863, 3.11530945],
       [2.33812285, 3.43116792],
       [2.06156753, 1.96918596]])
```

In[85]:
```
#模型的支持向量个数
clf.n_support_
```
Out[85]:
```
#输出支持向量个数
array([2, 1])
```

例 11-31　使用支持向量机对 make_circle 数据集进行分类(In[86]～In[92])。

In[86]:
```
#导入模型所需要的机器学习库
import matplotlib.pyplot as plt
from sklearn.datasets import make_circles
#生成 make_circles 数据集
```

```
#n_samples:样本数量,noise:噪声大小,factor:内外圆的比例因子
x,y = make_circles(n_samples = 100,factor = 0.1,noise = .1,random_state = 0)
#显示make_circles数据集形状
cluster1 = x[y == 0]
cluster2 = x[y == 1]
plt.title('make_circles 数据集散点图')
ax = plt.gca()
x_lim = ax.get_xlim()
y_lim = ax.get_ylim()
plt.scatter(cluster1[:,0], cluster1[:,1], marker = 's', label = 'Cluster 1')
plt.scatter(cluster2[:,0], cluster2[:,1], marker = '*', label = 'Cluster 2')
plt.xlabel('x')
plt.ylabel('y')
plt.show()
```

程序运行后生成如图 11-18 所示的 make_circles 数据集散点图。

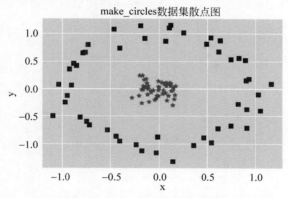

图 11.18 make_circles 数据集散点图

In[87]:
```
#定义一个函数,作用是画出支持向量的决策边界
def plot_svc_decision_function(model, ax = None):
    if ax == None:
        ax = plt.gca()
    xlim = ax.get_xlim()
    ylim = ax.get_ylim()
    x = np.linspace(xlim[0], xlim[1], 30)
    y = np.linspace(ylim[0], ylim[1], 30)
    y,x = np.meshgrid(y,x)
    xy = np.vstack([x.ravel(), y.ravel()]).T
    p = model.decision_function(xy).reshape(x.shape)
    ax.contour(x, y, p
              ,colors = "k"
              ,levels = [-1,0,1]
              ,alpha = 0.5
              ,linestyles = ["--","-","--"])
    ax.set_xlim(xlim)
    ax.set_ylim(ylim)
    plt.show()
```
In[88]:
```
#导入所需要的机器学习包
import numpy as np
```

```
from sklearn.datasets import make_circles
from sklearn.svm import SVC
#生成 make_circles 数据集
x,y = make_circles(100,factor = 0.1,noise = 0.1)
#画出 make_circles 数据集的散点图
cluster1 = x[y == 0]
cluster2 = x[y == 1]
plt.scatter(cluster1[:,0], cluster1[:,1], marker = 's', label = 'Cluster 1')
plt.scatter(cluster2[:,0], cluster2[:,1], marker = '*', label = 'Cluster 2')
plt.xlabel('x')
plt.ylabel('y')
#创建 SVC 分类器并对分类器进行训练
clf = SVC(kernel = "rbf").fit(x,y)
#画出分类器的决策边界
plot_svc_decision_function(clf)
```

程序运行后在屏幕上输出如图 11-19 所示的支持向量机轮廓示意图。

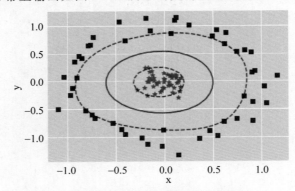

图 11.19　支持向量机轮廓示意图

In[89]:
```
#将数据映射到高维
from ipywidgets import interact,fixed
from mpl_toolkits import mplot3d
def plot_3D(elev = 30,azim = 30,x = x,y = y):
    ax = plt.subplot(projection = "3d")
    ax.scatter3D(cluster1[:,0], cluster1[:,1],r1,c = 'red',s = 100,marker = 'o', label = 'Cluster 1')
    ax.scatter3D(cluster2[:,0], cluster2[:,1],r2,c = 'blue',s = 100,marker = '*', label = 'Cluster 2')
    ax.view_init(elev = elev,azim = azim)
    ax.set_xlabel("x")
    ax.set_ylabel("y")
    ax.set_zlabel("r")
    plt.legend()
    plt.show()
x,y = make_circles(100,factor = 0.1,noise = 0.1,random_state = 0)
cluster1 =.x[y = = 0]
cluster2 = x[y = = 1]
r1 = np.exp( - (cluster1 * * 2).sum(1))
r2 = np.exp( - (cluster2 * * 2).sum(1))
interact(plot_3D,elev = [0,30,60,90,120],azip = ( - 180,180),x = fixed(x),y = fixed(y))
```

```
plt.show()
```

程序运行后在屏幕上输出如图 11-20 所示的数据集映射到高维后的数据情况。

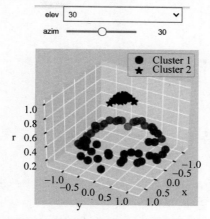

图 11-20 数据集映射到高维后的情况

In[90]:
```
#利用模型进行分类预测,首先画出 x[5]的数点示意图
x,y = make_circles(100,factor = 0.1,noise = 0.1,random_state = 0)
#画出 make_circles 数据集的散点图
cluster1 = x[y == 0]
cluster2 = x[y == 1]
plt.scatter(cluster1[:,0], cluster1[:,1], marker = 's', label = 'Cluster 1')
plt.scatter(cluster2[:,0], cluster2[:,1], marker = '*', label = 'Cluster 2')
plt.scatter(x[5,0],x[5,1],c = 'black',s = 100,cmap = "rainbow")
plt.xlabel('x')
plt.ylabel('y')
plt.legend()
plt.show()
```

运行程序段后输出的预测点位置情况如图 11-21 所示。

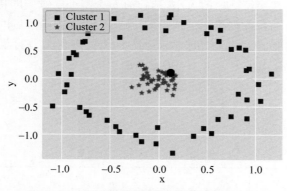

图 11-21 预测点所在位置示意图

在图 11-21 中 x[5]为图中黑点所示。

In[91]:
```
#获取 x[5]坐标
```

```
    x[5]
Out[91]:
array([-0.0116751 ,  0.10765805])
In[92]:
    #对x[5]进行分类
    x5 = np.array([[-0.0116751 ,  0.10765805]])
    clf.predict(x5)
Out[92]:
    array([0], dtype=int64)
```

11.7 主成分分析法

主成分分析(Principal Component Analysis,PCA)是一种常用的无监督学习算法,用于降低数据维度和特征提取。它通过线性变换将原始数据转换为一组新的低维特征,这些特征被称为主成分。PCA 在数据可视化、噪声过滤、特征抽取和特征过程领域具有重要的应用价值。

PCA 的主要思想是寻找数据中最具信息量的方向,即数据方差最大的方向,将数据映射到这些方向上。这些方向是原始特征的线性组合,被称为主成分。第一个主成分解释数据中的最大方差,第二个主成分解释数据中的次大方差,以此类推。主成分是相互正交的,且具有递减的方差,因此可以通过保留前 k 个主成分来实现数据的降维。

PCA 的步骤如下。

(1) 标准化数据:对原始数据进行均值中心化和标准化,使每个特征的均值为 0,方差为 1。

(2) 计算协方差矩阵:根据标准化后的数据计算特征之间的协方差矩阵。

(3) 计算特征值和特征向量:对协方差矩阵进行特征值分解,得到特征值和对应的特征向量。

(4) 选择主成分:按照特征值的大小,选择前 k 个特征值对应的特征向量作为主成分。

(5) 数据转换:将原始数据投影到选择的主成分上,得到降维后的数据。

通过降低数据的维度,PCA 可以用于数据可视化、特征提取、噪声过滤和数据压缩等任务。

PCA 是 scikit-learn 库中的一个类,PCA 的调用形式如下。

```
PCA(n_components = None, copy = True, whiten = False, svd_solver = 'auto', tol = 0.0, iterated_
power = 'auto', random_state = None)
```

PCA 参数的含义如表 11-16 所示。

表 11-16 PCA 参数的含义

参　　数	类　型	含　义
n_components	浮点数	保留的主成分数量。如果设置为 None,则保留所有的主成分。如果设置为整数 k,则保留前 k 个主成分,默认值为 None
copy	字符型	是否在运行 PCA 时对原始数据进行复制。如果设置为 True,则会在运行 PCA 之前复制原始数据。如果设置为 False,则直接在原始数据上运行 PCA,可能会改变原始数据,默认值为 True

续表

参 数	类 型	含 义
whiten	整型	是否对降维后的数据进行白化处理。如果设置为 True,则降维后的数据的每个特征都具有相同的方差,并且彼此之间不相关,默认值为 False
svd_solver	{scale, auto} 或浮点型	奇异值分解(SVD)求解器的类型(默认值为'auto')。可以是 auto、full、arpack、randomized 中的一个
tol	浮点型	奇异值分解迭代的停止容忍度(默认值为 0.0)。当迭代的奇异值小于该容忍度时,迭代将停止
iterated_power	布尔型	奇异值分解迭代的幂次,可以是 auto 或整数值。auto 表示自动选择幂次。默认值为 auto
random_state	布尔型	随机数种子(默认值为 None)。用于控制随机数生成的种子,以确保结果的可重复性

其模型输出参数的含义如表 11-17 所示。

表 11-17 PCA 模型输出参数的含义

输出参数	含 义
components_	主成分的方向向量。返回一个形状为(n_components, n_features)的数组,其中 n_components 是指定的主成分数量,n_features 是原始特征的数量。这些方向向量按照方差解释率降序排列
explained_variance_	每个主成分的解释方差。返回一个形状为(n_components,)的数组,其中每个元素表示对应主成分解释的方差。这些值按照降序排列
explained_variance_ratio_	每个主成分的解释方差比率。返回一个形状为(n_components,)的数组,其中每个元素表示对应主成分解释的方差比率(归一化地解释方差)。这些值按照降序排列,总和为 1
singular_values_	奇异值。返回一个形状为(n_components,)的数组,其中每个元素表示对应主成分的奇异值
mean_	每个特征的均值。返回一个形状为(n_features,)的数组,其中每个元素表示对应特征的均值
noise_variance_	噪声方差估计。仅在 whiten=True 时可用。返回一个浮点数,表示噪声方差的估计值

例 11-32 使用主成分分析法对中学男生数据集进行分析(In[93]~In[95])。

In[93]:
```
#导入所需要的机器学习库
% matplotlib inline
import numpy as np
import matplotlib.pyplot as plt
from sklearn.decomposition import PCA
```
In[94]:
```
#导入数据集
#数据集的三项分别代表中学男生的身高、胸围和体重
data = np.array([[149.5,69.5,38.5]
 ,[162.5,77,55.5]
 ,[162.7, 78.5, 50.8]
 ,[162.2, 87.5, 65.5]
 ,[156.5, 74.5, 49. ]
```

```
        ,[156.1,   74.5,   45.5]
        ,[172,    76.5,   51.  ]
        ,[173.2,  81.5,   59.5]
        ,[159.5,  74.5,   43.5]
        ,[157.7,  79,     53.5 ]])
#构造 PCA 训练模型
pca = PCA().fit(data)
#输出可解释方差
print("特征值为:",pca.explained_variance_)
#输出每个主成分的解释方差比率
print("各主成分的贡献率:",pca.explained_variance_ratio_)
#输出奇异值
print("奇异值为:",pca.singular_values_)
#输出主成分的方向向量
print("各主成分的方向向量:\n",pca.components_)
#计算协方差阵
cf = np.cov(data.T)
#计算特征值和特征向量,各主成分贡献率
c,d = np.linalg.eig(cf)
print("特征值为:",c)
print("特征向量为:\n",d)
print("各主成分的贡献率为:",c/np.sum(c))
```

程序运行结果如下。

特征值为:[110.00413886 25.32447973   1.56804807]
各主成分的贡献率:[0.80355601 0.18498975 0.01145425]
奇异值为:[31.46485738 15.09703009 3.75665179]
各主成分的方向向量:
[[-0.55915657 -0.42128705 -0.71404562]
 [0.82767368 -0.33348264 -0.45138188]
 [-0.04796048 -0.84338992 0.53515721]]
特征值为:[110.00413886 25.32447973   1.56804807]
特征向量为:
[[0.55915657 0.82767368 -0.04796048]
 [0.42128705 -0.33348264 -0.84338992]
 [0.71404562 -0.45138188 0.53515721]]
各主成分的贡献率为:[0.80355601 0.18498975 0.01145425]

In[95]:
```
#可解释方差作图
plt.rcParams['font.sans-serif'] = ['SimHei']
plt.plot([1,2,3],np.cumsum(pca.explained_variance_ratio_))
plt.xticks([1,2,3])
plt.xlabel("保留的主成分数量")
plt.ylabel("经过降维以后的累计可解释方差")
plt.show()
```

程序运行后输出如图 11-22 所示的特征数量与可解释方差关系示意图。

例 11-33 对手写数据集进行 PCA 分析(In[96]~In[99])。

In[96]:
```
#生成 load_digits 数据集
from sklearn.datasets import load_digits
digits = load_digits()
```

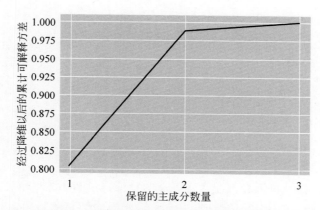

图 11-22 PCA 保留的主成分数量与可解释方差关系示意图

```
data,target = digits.data,digits.target
#查看数据的形状
print(data.shape)
```

程序运行后输出的数据形状如下。

(1797, 64)

In[97]:
```
#进行 PCA 分析
pca = PCA(2)
#对数据进行降维
pcaed = pca.fit_transform(data)
#输出降维后的数据形状
print(pcaed.shape)
```

程序运行后输出的降维后的数据形状如下。

(1797, 2)

In[98]:
```
#输出降维后的主成分 1 和主成分 2
print(pcaed[:,0])
print(pcaed[:,1])
```

程序运行结果如下。

[- 1.25946749 7.95761191 6.99192354 ··· 10.80128233 - 4.87209673
 - 0.34439104]
[21.27488426 - 20.76870736 - 9.95598194 ··· - 6.96024881 12.42394756 6.36555833]

In[99]:
```
#对手写数据集进行主成分分析
from sklearn.datasets import load_digits
import numpy as np
import matplotlib.pyplot as plt
plt.rcParams['font.sans-serif'] = ['SimHei']
digits = load_digits()
data,target = digits.data,digits.target
pca = PCA()
pcaed = pca.fit(data)
evr = pcaed.explained_variance_ratio_[0]
```

```
for i in range(1,65):
    evr = evr + pcaed.explained_variance_ratio_[i]
    if evr > 0.9:
        number = i
        break;
plt.plot(np.cumsum(pcaed.explained_variance_ratio_))
plt.xlabel("保留的主成分数量")
plt.ylabel("累计可解释方差")
print(number)
print(evr)
plt.show()
```

程序运行后可得累计可解释方差大于 0.9 的特征数量和累计可解释方差值如下。

20
0.9031985012037214

输出的特征数量与累计可解释方差的关系如图 11-23 所示。

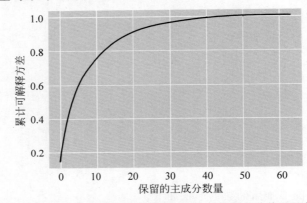

图 11-23　PCA 保留的主成分数量与累计可解释方差关系示意图

11.8　K 均值聚类算法

K 均值聚类算法(K-means clustering)是一种常见的无监督学习算法,用于将数据集划分为 K 个不重叠的簇。它的目标是将数据样本划分到与其特征最相似的簇中,使得同一簇内的样本相似度较高,不同簇之间的样本相似度较低。

K 均值聚类算法的步骤如下。

(1) 选择 K 个初始聚类中心(质心),可以是随机选择或通过其他方式确定。

(2) 将每个数据样本分配给距离最近的聚类中心,形成 K 个簇。

(3) 更新聚类中心的位置,将每个簇内的样本的均值作为新的聚类中心。

(4) 重复步骤(2)和步骤(3),直到聚类中心不再发生显著变化或达到最大迭代次数。

K 均值聚类算法的目标是最小化簇内样本与聚类中心之间的平方距离和,即簇内误差平方和(SSE)。

K 均值聚类算法的优缺点如下。

优点:简单易实现,计算效率高,适用于大规模数据集;对于凸型簇效果较好。

缺点：对初始聚类中心的选择敏感，可能会陷入局部最优解；对于非凸型簇效果不佳；对于离群点敏感。

Python 的 K-Means 的调用形式为

K-Means(n_clusters = 8, init = 'k-means++', n_init = 10, max_iter = 300, tol = 0.0001, verbose = 0, random_state = None, copy_x = True, algorithm = 'auto')

K-Means 参数的含义如表 11-18 所示。

表 11-18　K-Means 参数的含义

参　　数	类　型	含　　　　　义
n_clusters	整型	要划分的簇的数量，默认值为 8
init	字符型	初始化簇中心的方法。默认为'k-means++'，使用一种智能的方式选择初始簇中心，可以提高算法的收敛速度和聚类效果
n_init	整型	运行算法的次数，每次运行使用不同的初始簇中心。最终选择具有最佳损失函数值的结果作为最终聚类结果
max_iter	整型	最大迭代次数，指定算法运行的最大迭代次数
tol	浮点型	收敛阈值，当簇中心的变化小于该阈值时，算法认为已经达到收敛状态。默认值为 0.0001
verbose	整型	控制算法的输出信息。默认为 0，不输出任何信息；设为 1 时，输出每次迭代的损失函数值；设为大于 1 的整数时，还会输出详细的调试信息
random_state	布尔型	随机数生成器的种子。用于控制算法的可重复性
copy_x	布尔型	指示是否复制输入数据。默认为 True，即复制输入数据；设为 False 时，算法可能会在输入数据上进行修改
algorithm	字符型	用于计算的 K 均值算法。默认为'auto'，根据数据集的大小和特征数自动选择合适的算法。其他可选值有'full'（使用传统的 K 均值算法）和'elkan'（使用改进的 elkan 算法）

其模型输出参数的含义如表 11-19 所示。

表 11-19　K-Means 模型输出参数的含义

输出参数	含　　　　　义
cluster_centers_	聚类中心点的坐标。返回一个形状为（n_clusters，n_features）的数组，其中 n_clusters 是指定的聚类簇数，n_features 是原始特征的数量。每个元素表示一个聚类中心点的坐标
labels_	每个样本的聚类标签。返回一个形状为（n_samples，）的数组，其中每个元素表示对应样本的聚类标签（从 0 到 n_clusters－1）
inertia_	每个样本与其最近聚类中心的距离之和，也称为聚类内部的总方差。返回一个浮点数，表示聚类的总方差
n_iter_	K-Means 算法运行的迭代次数

K 均值聚类属于典型的无监督机器学习算法。在 Python 的算法中，有一个超参数 k，用于确定分类后簇的个数，这个参数需要事先认为确定。K-means 算法的步骤可总结如下。

(1) 随机抽取 k 个样本点作为样本 k 个簇的初始质心。

(2) 计算各样本点到 k 个簇心的距离，将各样本点分配到距离其最小的簇。

(3) 计算每个簇各样本的平均值作为新的质心。

(4) 当簇的质心与上一次还有变化，以及循环次数还没有到达指定次数时，转第(2)步后继续执行,否则停止循环,最后一次循环得到的质心作为最后的质心。

K 均值聚类的距离判定主要采用以下几种。

1. 欧氏距离

欧氏距离(Euclidean distance)是指在欧几里得空间中两点之间的直线距离。n 维空间中两点之间的欧氏距离表示为

$$d_{\text{euclidean}}(x_i, x_j) = \sqrt{\sum_{m=1}^{n}(x_{im} - x_{jm})^2} \qquad (11\text{-}28)$$

2. 曼哈顿距离

曼哈顿距离(Manhattan distance),也称城市街区距离或 L_1 范数,是两点之间在网格状的坐标系统中沿着网格线的距离总和。n 维空间中两点之间的曼哈顿距离表示为

$$d_{\text{manhattan}}(x_i, x_j) = \sum_{m=1}^{n} |x_{im} - x_{jm}| \qquad (11\text{-}29)$$

3. 切比雪夫距离

切比雪夫距离(Chebyshev distance),也称棋盘距离或 L_∞ 范数,是两点之间在坐标系统中沿着坐标轴的最大距离。n 维空间中两点之间的切比雪夫距离表示为

$$d_{\text{chebyshev}}(x_i, x_j) = \max\{|x_{im} - x_{jm}|\} \qquad (11\text{-}30)$$

4. 闵可夫斯基距离

闵可夫斯基距离(Minkowski distance)是一种通用的距离度量,可以包括曼哈顿距离和欧氏距离作为特殊情况。n 维空间中两点之间的闵可夫斯基距离表示为

$$d_{\text{minkowski}}(x_i, x_j) = \sqrt[p]{\sum_{i=1}^{n} |x_{im} - x_{jm}|^p}, p=1 \text{ 为曼哈顿距离}, p=2 \text{ 为欧氏距离}。$$
$$(11\text{-}31)$$

5. 马氏距离

马氏距离(Mahalanobis distance)是一种考虑特征之间相关性的距离度量。它是由印度统计学家马哈拉诺比斯(P. C. Mahalanobis)于 1936 年提出的。

$$d_{\text{mahalanobis}}(x_i, x_j) = \sqrt{(x_i - x_j)^T S^{-1}(x_i - x_j)} \qquad (11\text{-}32)$$

例 11-34 对 iris 数据集进行 K-Means 聚类分析(In[100]~In[101])。

```
In[100]:
#导入模型必需的机器学习库
from sklearn import datasets
from sklearn.model_selection import train_test_split
from sklearn.cluster import KMeans
import matplotlib.pyplot as plt
from sklearn import metrics
import numpy as np
```

```python
import pandas as pd
from sklearn.cluster import KMeans
plt.rcParams['font.sans-serif'] = ['SimHei']
#导入数据集
iris = pd.read_csv("iris.csv")
x = iris.iloc[:,:-1]
#通过轮廓系数寻找合理的K值
K = 6
s = []
for k in range(2,K+1):
    md = KMeans(n_clusters = k)
    md.fit(x)
    labels = md.labels_
    centers = md.cluster_centers_
    s.append(metrics.silhouette_score(x,labels,metric = 'mahalanobis'))
plt.plot(range(2,K+1),s,'b*-')
plt.xlabel("K值")
plt.ylabel("轮廓系数")
plt.show()
```

程序运行后输出的 K 值与轮廓系数的关系如图 11-24 所示。

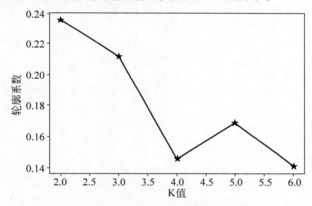

图 11-24　K 值与轮廓系数关系示意图

从图 11-24 可知，合理的 K 值为 3，找到合理的 K 值后再进行 K-Means 聚类。

In[101]:
```python
md = KMeans(3)
md.fit(x)
labels = md.labels_
centers = md.cluster_centers_
plt.rc('font',family = 'SimHei')
plt.rc('font',size = 16)
str2 = ['setosa','versicolour','virginica']
str1 = ['^r','.k','*b']
for i in range(len(centers)):
    plt.plot(x['Petal_Length'][labels == i],x['Petal_Width']
             [labels == i], str1[i],markersize = 10,label = str2[i])
plt.legend()
plt.xlabel("K 均值聚类结果")
plt.show()
```

程序运行后输出如图 11-25 所示的聚类结果示意图。

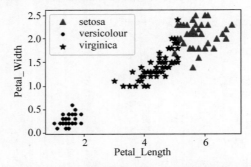

图 11-25 iris 数据集 K-Means 聚类结果示意图

例 11-35 对 make_blobs 数据集进行 K-Means 聚类分析（In[102]～In[104]）。

In[102]:
```
from sklearn.cluster import KMeans
from sklearn.datasets import make_blobs
import matplotlib.pyplot as plt
from sklearn.metrics import silhouette_score
#作图时能正常显示中文字符
plt.rcParams['axes.unicode_minus'] = False
#忽略警告信息
import warnings
warnings.filterwarnings('ignore')
#生成 make_blobs 数据集
x,y = make_blobs(n_samples = 200,centers = 4,random_state = 0,cluster_std = 0.5)
#显示数据集形状
cluster1 = x[y == 0]
cluster2 = x[y == 1]
cluster3 = x[y == 2]
cluster4 = x[y == 3]
plt.scatter(cluster1[:, 0], cluster1[:, 1], marker = 's', label = 'Cluster 1')
plt.scatter(cluster2[:, 0], cluster2[:, 1], marker = '*', label = 'Cluster 2')
plt.scatter(cluster3[:, 0], cluster3[:, 1], marker = 'p', label = 'Cluster 3')
plt.scatter(cluster4[:, 0], cluster4[:, 1], marker = 'o', label = 'Cluster 4')
plt.xlabel("x")
plt.ylabel("y")
plt.legend()
plt.show()
```

程序运行后输出如图 11-26 所示的 make_blobs 数据集散点图。

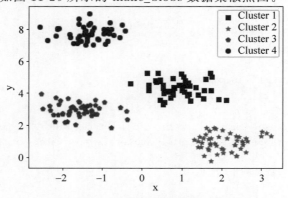

图 11-26 make_blobs 数据集散点图

In[103]:
```
# 寻找较好的 K 值
K = 6
s = []
for k in range(2,K + 1):
    md = KMeans(n_clusters = k)
    md.fit(x)
    labels = md.labels_
    centers = md.cluster_centers_
    s.append(silhouette_score(x,labels,metric = 'mahalanobis'))
plt.plot(range(2,K + 1),s,'b * - ')
plt.xlabel("K 值")
plt.ylabel("轮廓系数")
plt.show()# 寻找较好的 K 值
K = 6
s = []
for k in range(2,K + 1):
    md = KMeans(n_clusters = k)
    md.fit(x)
    labels = md.labels_
    centers = md.cluster_centers_
    s.append(silhouette_score(x,labels,metric = 'mahalanobis'))
plt.rc('font',family = 'SimHei')
plt.plot(range(2,K + 1),s,'b * - ')
plt.xlabel("K 值")
plt.ylabel("轮廓系数")
plt.show()
```

程序运行后显示,轮廓系数随 K 值的变化情况如图 11-27 所示,从图中可以看出 K 值取 4 效果较好。

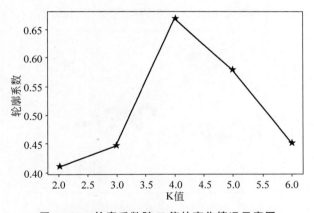

图 11-27　轮廓系数随 K 值的变化情况示意图

上述程序中,silhouette_score 函数返回所有样本的平均轮廓系数的浮点数值。轮廓系数的取值范围为 −1 到 1,接近 1 表示样本聚类得较好,接近 0 表示聚类重叠,接近 −1 表示样本被错误分类或分配到错误的聚类中。silhouette_score 函数的参数含义如下。

X：特征矩阵或形状为(n_samples, n_features)的类数组对象,表示样本数据。

labels：预测的每个样本在 X 中所属的聚类标签。

metric：用于计算样本之间的距离度量。默认为 euclidean,也可以使用其他距离度量如 cosine 或 manhattan。

　　sample_size：用于计算轮廓系数的样本数量。如果为 None，则使用所有样本。这个参数在处理大型数据集时非常有用，可以加快计算速度。

　　random_state：用于在 sample_size 不为 None 时生成样本权重的随机种子。

　　**kwds：额外的关键字参数，可以传递给底层距离度量函数。

确定最优的 K 值为 4，取 K=4 并进行均值聚类。

In[104]:
```python
kd = KMeans(n_clusters = 4)
kd.fit(x)
yd = kd.predict(x)
x,y = make_blobs(n_samples = 200,centers = 4,random_state = 0,cluster_std = 0.5)
cluster1 = x[y == 0]
cluster2 = x[y == 1]
cluster3 = x[y == 2]
cluster4 = x[y == 3]
plt.scatter(cluster1[:,0], cluster1[:,1], marker = 's', label = 'Cluster 1')
plt.scatter(cluster2[:,0], cluster2[:,1], marker = '*', label = 'Cluster 2')
plt.scatter(cluster3[:,0], cluster3[:,1], marker = 'p', label = 'Cluster 3')
plt.scatter(cluster4[:,0], cluster4[:,1], marker = 'o', label = 'Cluster 4')
plt.xlabel("x")
plt.ylabel("y")
plt.legend()
#计算质心
centers = kd.cluster_centers_
# 显示质心
plt.scatter(centers[:,0],centers[:,1],c = "black",s = 200,alpha = 0.8)
plt.show()
```

程序段运行后输出的分类质心如图 11-28 的黑色实心圆圈所示。

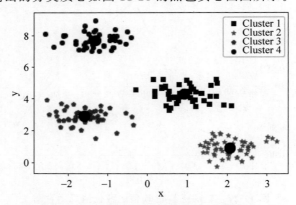

图 11-28　分类后各簇的质心位置示意图

例 11-36　对 make_blobs 数据集进行 silhouette_score 分析(In[105])。

In[105]:
```python
#导入机器学习库
from sklearn.datasets import make_blobs
from sklearn.cluster import KMeans
from sklearn.metrics import silhouette_score
# 生成数据
```

```
X, _ = make_blobs(n_samples = 100, centers = 3, random_state = 42)
# 应用 KMeans 聚类
kmeans = KMeans(n_clusters = 3, random_state = 42)
kmeans.fit(X)
# 计算轮廓系数
score = silhouette_score(X, labels)
print("轮廓系数:", score)
```

程序运行结果如下。

轮廓系数：0.8469881221532085

11.9　K 近邻算法

K 近邻算法（K-Nearest Neighbors，KNN）是一种用于分类和回归的基本机器学习算法。它的工作原理是基于特征空间中的相似性度量，通过找到离待预测样本最近的 K 个训练样本，来进行分类或回归预测。

Python 的 K 近邻算法的调用形式为

KNeighborsClassifier(n_neighbors = 5, weights = 'uniform', algorithm = 'auto', leaf_size = 30, p = 2, metric = 'minkowski', metric_params = None, n_jobs = None)

K 近邻算法参数的含义如表 11-20 所示。

表 11-20　K 近邻算法参数的含义

参　数	类　型	含　义
n_neighbors	整型	指定选择的最近邻的数量，默认为 5
weights	字符型	指定用于预测的近邻样本的权重。可以是"uniform"（默认），表示所有近邻样本具有相同的权重；也可以是"distance"，表示权重与距离成反比；还可以是用户自定义的权重函数
algorithm	整型	指定计算最近邻的算法。可以是"auto"（默认），表示根据训练数据自动选择算法；也可以是"ball_tree"，使用球树算法；或者是"kd_tree"，使用 KD 树算法；或者是"brute"，使用暴力搜索算法
leaf_size	整型	指定球树或 KD 树的叶子节点大小，默认为 30
p	浮点型	用于计算距离的参数。默认为 2，表示使用欧氏距离
metric	整型	指定用于计算距离的度量标准。默认为"minkowski"，也可以是其他支持的度量标准，如"euclidean"（欧氏距离）、"manhattan"（曼哈顿距离）等
metric_params	布尔型	用于度量标准的附加参数。默认为 None
n_jobs	布尔型	指定并行计算的任务数。默认为 None，表示不使用并行计算

其模型输出参数的含义如表 11-21 所示。

表 11-21　K 近邻算法模型输出参数的含义

输出参数	含　义
classes_	一个包含训练数据的所有类别标签的数组
effective_metric_	根据参数选择的度量标准
effective_metric_params_	度量标准的附加参数
outputs_2d_	一个布尔值，指示输出是否是二维的

续表

输出参数	含义
n_samples_fit_	训练数据的样本数量
classes_shape_	一个包含训练数据类别标签形状的元组
n_features_in_	输入数据的特征数量
kneighbors_graph_	训练数据的邻居图

例 11-37 K 近邻算法举例(In[106])。

In[106]:
```
import numpy as np
from sklearn.neighbors import KNeighborsClassifier
# 创建训练数据
X_train = np.array([[1, 2], [1, 4], [2, 2], [3, 4]])
y_train = np.array([0, 0, 1, 1])
# 创建 K 近邻分类器对象
knn = KNeighborsClassifier(n_neighbors = 3)
# 拟合模型
knn.fit(X_train, y_train)
X_test = np.array([[2, 3]])
# 进行预测
y_pred = knn.predict(X_test)
print(y_pred)
# 打印属性
print("Classes:", knn.classes_)
print("Effective Metric:", knn.effective_metric_)
print("Effective Metric Params:", knn.effective_metric_params_)
print("Number of Samples Fit:", knn.n_samples_fit_)
print("Number of Features In:", knn.n_features_in_)
```

程序运行结果如下。

```
[0]
Classes: [0 1]
Effective Metric: euclidean
Effective Metric Params: {}
Number of Samples Fit: 4
Number of Features In: 2
```

例 11-38 使用 K 近邻算法对 iris 数据集进行 K 近邻算法分析(In[107])。

In[107]:
```
from sklearn.neighbors import KNeighborsClassifier
from sklearn.datasets import load_iris
from sklearn.model_selection import train_test_split
from sklearn.metrics import accuracy_score
# 加载 iris 数据集
iris = load_iris()
X, y = iris.data, iris.target
# 将数据集划分为训练集和测试集
X_train, X_test, y_train, y_test = train_test_split(X, y, test_size = 0.25, random_state = 42)
# 创建 KNN 分类器,设置邻居数为 5
knn = KNeighborsClassifier(n_neighbors = 5)
# 使用训练集拟合 KNN 分类器
```

```
knn.fit(X_train, y_train)
# 使用测试集进行预测
y_predtest = knn.predict(X_test)
y_predtrain = knn.predict(X_train)
# 输出预测精度
print('训练集上预测精度: %s'% accuracy_score(y_train,y_predtrain))
print('测试集上预测精度: %s'% accuracy_score(y_test,y_predtest))
```

程序运行结果如下。

训练集上预测精度: 0.9642857142857143
测试集上预测精度: 1.0

例 11-39 使用 K 近邻算法对下列数据集进行 K 近邻算法分析((In[108]~In[109])。

In[108]:
```
from sklearn.neighbors import KNeighborsClassifier
from sklearn.metrics import accuracy_score
X_train = np.array([[1, 2], [1.5, 1.8], [5, 8], [8, 8], [1, 0.6], [9, 11]])
y_train = np.array(['red', 'red', 'blue', 'blue', 'red', 'blue'])
X_test = np.array([[2, 3], [6, 9], [0, 0]])
y_test = np.array(['red', 'blue', 'red'])
knn = KNeighborsClassifier(n_neighbors = 3)
knn.fit(X_train, y_train)
predictions = knn.predict(X_test)
print("预测结果:", predictions)
print("真实结果:", y_test)
# 计算预测准确率
accuracy = accuracy_score(y_test, predictions)
print("预测准确率:", accuracy)
```

程序运行结果如下。

预测结果: ['red' 'blue' 'red']
真实结果: ['red' 'blue' 'red']
预测准确率: 1.0

以上程序段中 KNeighborsClassifier 的功能可将开发成类,程序段如下。

In[109]:
```
import numpy as np
from collections import Counter
def euclidean_distance(x1, x2):
    return np.sqrt(np.sum((x1 - x2) ** 2))
class KNN:
    def __init__(self, k = 3):
        self.k = k
    def fit(self, X, y):
        self.X_train = X
        self.y_train = y
    def predict(self, X):
        y_pred = [self._predict(x) for x in X]
        return np.array(y_pred)
    def _predict(self, x):
        # 计算测试样本 x 与所有训练样本的距离
        distances = [euclidean_distance(x, x_train) for x_train in self.X_train]
        # 对距离进行排序并获取前 k 个最近的样本索引
```

```
                k_indices = np.argsort(distances)[:self.k]
                # 获取前k个最近的标签
                k_nearest_labels = [self.y_train[i] for i in k_indices]
                # 对标签进行投票,选取投票结果中频次最高的标签作为预测结果
                most_common = Counter(k_nearest_labels).most_common(1)
                return most_common[0][0]
    X_train = np.array([[1, 2], [1.5, 1.8], [5, 8], [8, 8], [1, 0.6], [9, 11]])
    y_train = np.array(['red', 'red', 'blue', 'blue', 'red', 'blue'])
    X_test = np.array([[2, 3], [6, 9], [0, 0]])
    y_test = np.array(['red', 'blue', 'red'])
    knn = KNN(k = 3)
    knn.fit(X_train, y_train)
    predictions = knn.predict(X_test)
    print("预测结果:", predictions)
    print("真实结果:", y_test)
```

程序段运行结果如下。

预测结果:['red' 'blue' 'red']
真实结果:['red' 'blue' 'red']

习题 11

本书提供在线测试习题,扫描下面的二维码,可以获取本章习题。

在线测试

参 考 文 献

[1] VANDERPLAS J. Python 数据科学手册[M]. 陶俊杰,陈小莉,译. 北京：人民邮电出版社,2018.
[2] 司守奎,孙玺菁. Python 数学实验与建模[M]. 北京：科学出版社,2020.
[3] 刘顺祥. 从零开始学 Python 数据分析与挖掘[M]. 北京：清华大学出版社,2018.
[4] RASHID T. Python 神经网络编程[M]. 林赐,译. 北京：人民邮电出版社,2018.
[5] MATTHES E. Python 编程从入门到实践[M]. 袁国忠,译. 2 版. 北京：人民邮电出版社,2020.
[6] 魏翼飞,汪昭颖,李骏. 深度学习从神经网络到深度强化学习的演进[M]. 北京：清华大学出版社,2021.
[7] 周志华. 机器学习[M]. 北京：清华大学出版社,2016.
[8] MCKINNEY W. 利用 Python 进行数据分析[M]. 徐敬一,译. 2 版. 北京：机械工业出版社,2018.
[9] HARRINGTON P. 机器学习实战[M]. 李锐,李鹏,曲亚东,等译. 北京：人民邮电出版社,2013.
[10] 余本国. 基于 Python 的大数据分析基础及实战[M]. 北京：中国水利水电出版社,2018.

图书资源支持

感谢您一直以来对清华版图书的支持和爱护。为了配合本书的使用,本书提供配套的资源,有需求的读者请扫描下方的"书圈"微信公众号二维码,在图书专区下载,也可以拨打电话或发送电子邮件咨询。

如果您在使用本书的过程中遇到了什么问题,或者有相关图书出版计划,也请您发邮件告诉我们,以便我们更好地为您服务。

我们的联系方式:

清华大学出版社计算机与信息分社网站:https://www.shuimushuhui.com/

地　　址:北京市海淀区双清路学研大厦 A 座 714

邮　　编:100084

电　　话:010-83470236　010-83470237

客服邮箱:2301891038@qq.com

QQ:2301891038(请写明您的单位和姓名)

资源下载:关注公众号"书圈"下载配套资源。

资源下载、样书申请

书 圈

图书案例

清华计算机学堂

观看课程直播